アクチュエータの駆動と制御（増補）

岐阜大学名誉教授　工学博士
武藤高義 著

メカトロニクス教科書シリーズ

3

コロナ社

メカトロニクス教科書シリーズ編集委員会

委員長　安田仁彦　(名古屋大学名誉教授 / 愛知工業大学教授)　工学博士

末松良一　(名古屋大学名誉教授 / 豊田工業高等専門学校長)　工学博士

妹尾允史　(三重大学名誉教授 / 鈴鹿国際大学副学長)　工学博士

高木章二　(豊橋技術科学大学教授)　工学博士

藤本英雄　(名古屋工業大学教授)　工学博士

武藤高義　(岐阜大学名誉教授)　工学博士

(五十音順，所属は 2006 年 1 月現在)

刊行のことば

　マイクロエレクトロニクスの出現によって，機械技術に電子技術の融合が可能となり，航空機，自動車，産業用ロボット，工作機械，ミシン，カメラなど多くの機械が知能化，システム化，統合化され，いわゆるメカトロニクス製品へと変貌している。メカトロニクス（Mechatronics）とは，このようなメカトロニクス製品の設計・製造の基礎をなす，新しい工学をいう。

　このシリーズは，メカトロニクスを体系的かつ平易に解説することを目的として企画された。

　メカトロニクスは発展途上の工学であるため，その学問体系をどう考えるか，メカトロニクスを学ぶためのカリキュラムはどうあるべきかについては必ずしも確立していない。本シリーズの企画にあたって，これらの問題について，メカトロニクスの各分野を専門とする編集委員の間で，長い間議論を重ねた。筆者の所属する名古屋大学の電子機械工学科において，現在のカリキュラムに落ちつくまで筆者自身も加わって進めてきた議論を，ここで別のメンバーの間で再現されるのを見るのは興味深かった。本シリーズは，ここで得られた結論に基づいて，しかも巻数が多くならないよう，各巻のテーマ・内容を厳選して構成された。

　本シリーズによって，メカトロニクスの基本技術からメカトロニクス製品の実際問題まで，メカトロニクスの主要な部分はカバーされているものと確信している。なおメカトロニクスのベースになる機械工学の部分は，必要に応じて機械系大学講義シリーズ（コロナ社刊）などで補っていただければ，メカトロニクスエンジニアとして必須事項がすべて網羅されていると思う。

　メカトロニクスを基礎から学びたい電子機械・精密機械・機械関係の学生・技術者に，このシリーズをご愛読いただきたい。またメカトロニクスの教育に

たずさわる人にも，このシリーズが参考になれば幸いである。

　急速に発展をつづけているメカトロニクスの将来に対応して，このシリーズも発展させていきたいと考えている．各巻に関するご意見のほか，シリーズの構成に関してもご意見をお寄せいただくことをお願いしたい．

1992年7月

編集委員長　安　田　仁　彦

増補版に際して

　初版の発行以来約10年が経過した現時点で，その後におけるアクチュエータに関する新しい学問的状況に対処しました。すなわち，初版においては，アクチュエータの基本的分類を，① 電動アクチュエータ，② 油圧アクチュエータ，③ 空気圧アクチュエータ，④ その他のアクチュエータ（研究開発中のニューアクチュエータ）の4種類に分類し，このうち，おもに ① ～ ③ の3種類のアクチュエータを扱いました。

　ところがこの10年の間に，かつて研究・開発中であったアクチュエータのうち，圧電アクチュエータに代表されるニューアクチュエータが，さまざまな機器に応用展開されるようになりました。そこで，このような状況に対処するために，増補版では新たに第6章（ニューアクチュエータ）を起こし，従来の記述に対しても若干の補足や修正を施しました。

2003年11月

武　藤　高　義

まえがき

　メカトロニクス（mechatronics）はメカニクス（mechanics）とエレクトロニクス（electronics）との合成語であり，「エレクトロニクスをメカニクスに融合する技術」と解釈できます。これら両者を融合し，メカトロニクス機器として機能させるためには，エレクトロニクスから出力される電気的信号を機械的運動に変換するための機器・要素を必要とします。この役割を担うのがアクチュエータ（サーボアクチュエータ）であり，電磁ソレノイドや直流サーボモータなどの電動サーボモータ，および油圧シリンダや空気圧シリンダがその代表例です。すなわちアクチュエータは，メカトロニクス機器の基本的な構成要素をなすものです。

　メカトロニクスが発展する以前のアクチュエータは，電気モータなどのように，もっぱら動力源用または駆動用のアクチュエータとして用いられてきました。しかし近年では，メカトロニクスの発展により，コンピュータ制御によるアクチュエータが実現し，これはサーボアクチュエータまたは制御用アクチュエータとも呼ばれています。その出現によって，ロボットに見られるように，人間に代わって複雑な作業を正確かつ敏速に行えるようになりました。したがって，メカトロニクス化に必要とされるアクチュエータ技術には，アクチュエータ自体の駆動原理に加えて，それを制御するための技術が求められます。

　以上のような背景のもとに，本書では，メカトロニクス化に必要とされるアクチュエータとその制御技術を中心テーマとします。アクチュエータに関連する学問分野は，電気・電子工学，制御工学，機械工学，油圧・空気圧工学をはじめ，じつに広い範囲にわたっています。これらのうち，本書では，基礎となる共通の考え方に，できるだけ焦点を当てました。広い学問分野に及び，また発展の著しい分野であるからこそ，基礎的な考え方を養っておくことが大切と

考えるからです。

　本書の執筆に際しては，上記のほかつぎのような点にも留意しました。

（1）アクチュエータを電動アクチュエータ，油圧アクチュエータ，空気圧アクチュエータの3種類に分類し，これら三者を適度にバランスさせて記述した。

（2）平易な記述に努めた。また，可能な限りわかりやすい記述とすることに意を払い，そのためには若干の冗長さにも目をつぶった。

（3）基礎的な理解を深めるため，例題と演習問題を加えた。

　本書のおもな内容は，先達諸兄が果たされた優れた業績に強く依存して記されたものであり，特に引用・参考文献の著者に対して深甚なる謝意を表します。また，本書の原稿に目を通していただき，有益なご指摘・ご助言を賜った岐阜大学工学部電気電子情報工学科教授の村井由宏先生に深く感謝します。

　著者の非力のため，理解不足による誤った記述があるやもしれず，読者諸氏のご指摘やご叱正をお願いする次第です。

　最後に，執筆中にたいへんお世話になったコロナ社編集部の方々に深く感謝申し上げます。

　1992年7月

武　藤　高　義

 目　　　次

1　サーボシステムとその制御

1.1　サーボシステムの基本構成 …………………………………………………… *1*
1.2　システムの動特性 ……………………………………………………………… *4*
　1.2.1　過 渡 特 性 ………………………………………………………………… *4*
　1.2.2　周波数特性 ………………………………………………………………… *10*
1.3　アナログサーボとディジタルサーボ ………………………………………… *16*
　1.3.1　アナログ量とディジタル量 ……………………………………………… *16*
　1.3.2　ディジタルサーボの特長 ………………………………………………… *17*
　1.3.3　パルス幅変調（PWM）法 ……………………………………………… *18*
1.4　コントローラ …………………………………………………………………… *19*
　1.4.1　PID制御動作 ……………………………………………………………… *19*
　1.4.2　駆 動 回 路 ………………………………………………………………… *21*
1.5　サーボ用センサ ………………………………………………………………… *22*
　1.5.1　ロータリエンコーダ ……………………………………………………… *23*
　1.5.2　タコメータジェネレータ ………………………………………………… *24*
1.6　マイクロコンピュータ（マイコン）の活用 ………………………………… *25*
　1.6.1　マイコンを活用したディジタルサーボシステム ……………………… *26*
　1.6.2　マイコンの仕組みと役割 ………………………………………………… *26*
　1.6.3　マイコンのプログラムと言語 …………………………………………… *29*
　1.6.4　マイコンとのインタフェース──A/D変換器とD/A変換器 ………… *30*
　1.6.5　ディジタル制御系の構成 ………………………………………………… *33*
演習問題 ……………………………………………………………………………… *34*

2 アクチュエータ概論

2.1 アクチュエータの基本的な分類 …………………………………… 36
  2.1.1 アクチュエータとは ………………………………………… 36
  2.1.2 アクチュエータの種類 ……………………………………… 37
2.2 各種アクチュエータの基本的作動原理 …………………………… 40
  2.2.1 電動アクチュエータ ………………………………………… 40
  2.2.2 油圧アクチュエータ ………………………………………… 43
  2.2.3 空気圧アクチュエータ ……………………………………… 44
2.3 各種アクチュエータの特徴と性能 ………………………………… 45
  2.3.1 アクチュエータの選択と性能評価 ………………………… 45
  2.3.2 各種アクチュエータの特徴 ………………………………… 48
2.4 アクチュエータのための運動伝達・変換機構 …………………… 50
2.5 アクチュエータによる位置決め制御 ……………………………… 54
演習問題 ………………………………………………………………… 57

3 電動アクチュエータ

3.1 微小駆動用電動アクチュエータ …………………………………… 58
  3.1.1 電磁ソレノイド ……………………………………………… 58
  3.1.2 トルクモータ ………………………………………………… 64
  3.1.3 可動コイル（ムービングコイル）…………………………… 66
3.2 直流サーボモータ …………………………………………………… 67
  3.2.1 直流サーボモータの回転原理 ……………………………… 67
  3.2.2 直流サーボモータの特性（静特性と動特性）……………… 70
  3.2.3 直流サーボモータによる速度と位置の制御システム …… 76
  3.2.4 直流サーボモータの駆動回路（パワーアンプ）…………… 81

目次　ix

3.3　交流サーボモータ ……………………………………………… *82*
　3.3.1　交流サーボモータの種類と構造 ……………………… *83*
　3.3.2　交流サーボモータの作動原理と制御方式 …………… *85*
3.4　ステッピングモータ …………………………………………… *93*
　3.4.1　ステッピングモータの種類と構造 …………………… *93*
　3.4.2　ステッピングモータの作動原理 ……………………… *96*
　3.4.3　ステッピングモータの特性 …………………………… *99*
　3.4.4　ステッピングモータの駆動方法 ……………………… *101*
演習問題 ……………………………………………………………… *104*

4　油圧アクチュエータ

4.1　油圧システムの基本構成 ……………………………………… *105*
4.2　油圧シリンダ …………………………………………………… *107*
　4.2.1　油圧シリンダの基本的分類 …………………………… *107*
　4.2.2　油圧シリンダの基本的構造 …………………………… *108*
　4.2.3　油圧シリンダの基本的特性 …………………………… *109*
　4.2.4　油の圧縮率と体積弾性係数 …………………………… *110*
　4.2.5　油圧シリンダの駆動特性 ……………………………… *111*
4.3　油圧モータ ……………………………………………………… *112*
　4.3.1　油圧モータの分類 ……………………………………… *112*
　4.3.2　油圧モータの基本的特性 ……………………………… *113*
　4.3.3　歯車モータ ……………………………………………… *116*
　4.3.4　ベーンモータ …………………………………………… *118*
　4.3.5　ピストンモータ ………………………………………… *119*
4.4　揺動形油圧アクチュエータ …………………………………… *122*
　4.4.1　ベーン形油圧揺動アクチュエータ …………………… *122*
　4.4.2　ピストン形油圧揺動アクチュエータ ………………… *123*

4.5	油圧制御弁 ……………………………………………………	*123*
	4.5.1　制御弁の構造と作動原理 ………………………………	*124*
	4.5.2　サーボ弁および比例制御弁の特性 ……………………	*130*
	4.5.3　高速オンオフ電磁弁の特性 ……………………………	*136*
4.6	油圧サーボシステム …………………………………………	*139*
	4.6.1　アナログ式油圧サーボシステム ………………………	*139*
	4.6.2　ディジタル式油圧サーボシステム ……………………	*144*
演習問題 ……………………………………………………………		*146*

5　空気圧アクチュエータ

5.1	空気圧アクチュエータの基本的分類 ………………………	*147*
5.2	空気圧システムの基本的構成 ………………………………	*148*
5.3	空気圧アクチュエータの基本的特性 ………………………	*150*
	5.3.1　空気圧モータ ………………………………………………	*150*
	5.3.2　空気圧シリンダ ……………………………………………	*151*
5.4	空気圧制御弁 …………………………………………………	*153*
	5.4.1　絞り部を通る空気流量特性 ………………………………	*154*
	5.4.2　比例制御弁 …………………………………………………	*157*
	5.4.3　高速オンオフ電磁弁 ………………………………………	*160*
5.5	空気圧サーボシステム ………………………………………	*162*
	5.5.1　空気圧シリンダの駆動特性 ………………………………	*162*
	5.5.2　空気圧サーボシステム ……………………………………	*165*
演習問題 ……………………………………………………………		*166*

6　ニューアクチュエータ

6.1	各種のニューアクチュエータ ………………………………	*167*

6.2	圧電アクチュエータ …………………………………………………… *169*
6.2.1	作 動 原 理 ………………………………………………… *170*
6.2.2	構造による分類 ………………………………………… *172*
6.2.3	静 特 性 ……………………………………………………… *173*
6.3	電歪アクチュエータ …………………………………………………… *173*
6.4	超音波モータ ………………………………………………………… *174*

引用・参考文献 ………………………………………………………………… *176*
演習問題の解答 ………………………………………………………………… *178*
索　　　引 …………………………………………………………………………… *181*

サーボシステムとその制御

メカトロニクスの代表的な製品であるロボットの役割は，人間に代わって必要な動作をすばやく，しかもできるだけ正確に実行することである。その動作を，電気モータなどの電動アクチュエータまたは油圧や空気圧アクチュエータによって作りだす基本メカニズムがサーボシステム（servo system）であり，これはサーボ機構（servo mechanism）ともいう。マイクロコンピュータとの融合化，メカトロニクス化によりサーボシステムはインテリジェント化を高め，ますます高性能・高機能化が図られつつある。サーボシステムはアクチュエータ（actuator）の駆動と制御を考えるときの基礎となる。

1.1 サーボシステムの基本構成

サーボシステムは簡略的にサーボ（servo）とも呼ばれており，その語源は，「奴隷（slave）」を意味するservus（ラテン語）にある（主人の指令通りに動くことに由来）。サーボシステムという用語は，広義にはフィードバックシステム（feedback system）を指して用いられるが，狭義に用いられるときはつぎのように定義される。

【定義】　サーボシステムとは，物体の位置，方位，姿勢などを制御量（出力）とし，目標値（入力）の任意の時間変化に追従するように構成された自動制御系のことをいう。

図1.1 (a) に示すシステムは，上記の定義に基づくサーボシステムの原理

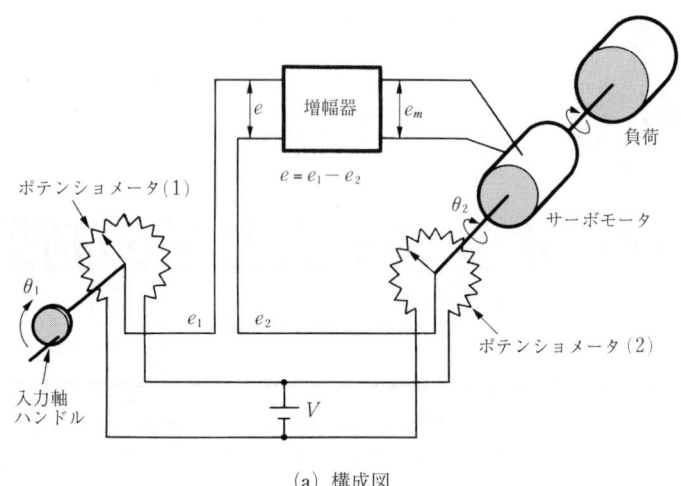

(a) 構成図

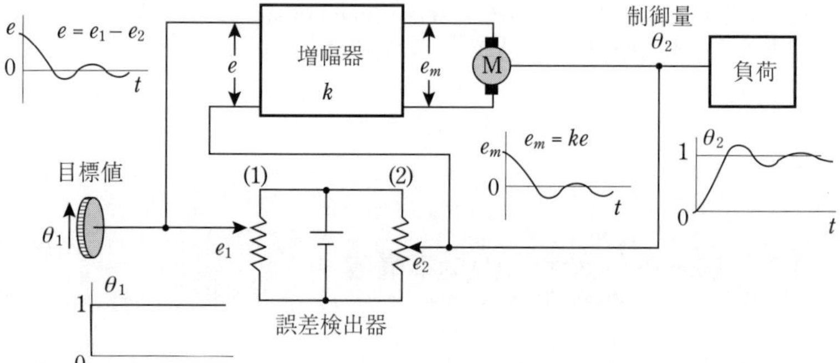

(b) 図(a)と等価な回路

図1.1 サーボシステム

的な説明図であり，入力ハンドルの回転角 θ_1 に負荷（回転物体）の回転角 θ_2 を追従させる機構を表す。システムのおもな構成要素は，2個のポテンショメータ (potentiometer) (1) と (2)，直流増幅器 (DC amplifier)，サーボモータ (servo motor)，回転負荷である。ポテンショメータの作動原理は，回転式の可変抵抗器と同じであるから，2個のポテンショメータの役割は，目標値 θ_1 と負荷の回転角 θ_2 を検出することにある。

1.1 サーボシステムの基本構成

図1.1 (a) と等価な回路図である図1.1 (b) に基づいて，このサーボシステムの作動を考えてみよう。図 (b) 中のグラフに示されるように，目標値 θ_1 として，大きさが1のステップ入力が与えられるものとする。目標値 θ_1 と負荷の回転角 θ_2 に差があると，この差に比例した電圧 e $(= e_1 - e_2)$ が直流増幅器（増幅率 k）に印加され，この k 倍された電圧 e_m $(= ke)$ によって，サーボモータは差が減少する方向に回転する。サーボモータの回転はポテンショメータ (2) の回転角 θ_2 に反映されるので，目標とする $\theta_1 = \theta_2$ の状態に達した時点（このとき，$e_1 = e_2$，すなわち $e_m = 0$ となる）でサーボモータは停止し，制御の目的は達成される。この間における信号 θ_1, e, e_m, θ_2 の変化状況が，図中の各グラフに示されている。

図1.1の例に示されるサーボシステムは，一般に**図1.2**のようなブロック線図（block diagram）によって表すことができる。サーボシステムは，制御対象（control object）である負荷，操作部であるアクチュエータ（サーボモータ），比例動作などの制御動作（または制御アルゴリズム）に従って演算処理をし，パワー増幅をするためのコントローラ（調節部：controller），および検出部であるセンサ（sensor）をおもな要素として構成される。すなわち，アクチュエータはサーボシステムの主要構成要素として位置付けられる。ここにセンサは，制御量（control variable）の時々刻々の変化を検出し，それを電気信号などに変換して，入力側にフィードバックするために用いられている。

フィードバック制御では，偏差 $e(t) = r(t) - c(t)$ を0または最小にするようにコントローラが構成されているが，アクチュエータを制御するためのシス

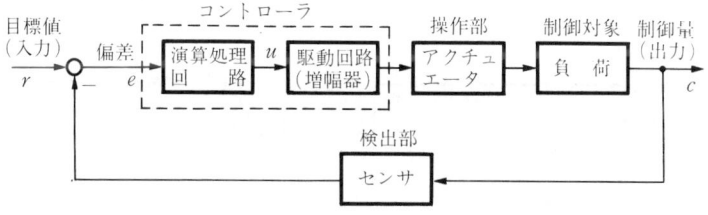

図1.2 サーボシステムのブロック線図

テムはフィードバック制御系（feedback control system）を構成しているのが通例である。フィードバック制御系は閉ループ系（closed loop system）ともいう。これに対してフィードバックループを欠いた制御系が開ループ系（open loop system）である。一部のアクチュエータ（例えばステッピングモータ）ではこの開ループ方式による制御も用いられている。

1.2 システムの動特性

サーボシステムにおいては，出力信号である負荷の位置などを，与えられた入力信号に対して，できるだけすばやくしかも忠実に（すなわち，高速・高精度に）追従させることが望まれる。この入力信号（input signal）と出力信号（output signal）の関係を決定するものがシステムの動特性（dynamic characteristics）であり，通常，動特性は過渡特性（transient characteristics）と周波数特性（frequency characteristics）とによって議論される。

1.2.1 過渡特性

現実のシステムでは，出力（応答：response）が入力（目標値：reference input）のとおりに追従することはありえず，目標値に達するまでには，必ず時間の経過（遅れ：delay）を伴う。

図1.1に示されるサーボシステムを例に取り上げて，この遅れの現れ方を見てみよう。いま，図1.3 (a) に示されるように，時刻 $t = 0$ の時点で，目標値 θ_1 をステップ的に変化させる（大きさが1のステップ入力を与える）ものとす

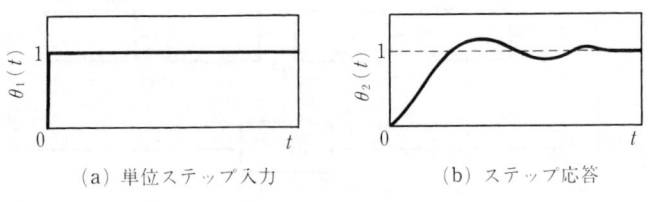

(a) 単位ステップ入力　　　　(b) ステップ応答

図1.3　ステップ応答

ると，出力信号 θ_2 の代表的な応答は図1.3（b）のようになる。

このように，入力としてステップ波形を与えたときに得られる応答をステップ応答（step response）という。ステップ応答はシステムに対する目標値変化（過渡特性）を調べるための代表的な方法であり，要素・機器の特性試験にも使われる。

図1.3（b）によれば，システム中に存在する電気的または機械的な遅れの影響により，応答 θ_2 は瞬時に目標値に達することができず，遅れを伴いながら定常状態（steady state）に落ち着いている。また図の波形によれば，応答 θ_2 はいったん，目標値1を行き過ぎ，その後，減衰振動（damped oscillation）しながら最終値（final value）に収束する状況が示されている。遅れをもたらす機械的な要因は慣性（inertia）や摩擦（friction）および弾性（elasticity）であり，これらは機械システムの3要素である質量（m），減衰（c），ばね（k）に支配される。また電気的な遅れ要因はインダクタンス（inductance：L），レジスタンス（resistance：R），キャパシタンス（capacitance：C）であり，これらは電気システムの3要素と呼ばれる。

図1.3のように，システムの過渡特性を調べるための応答を過渡応答（transient response）といい，ステップ応答のほかにランプ応答（ramp response），インパルス応答（impulse response）などが用いられる。

図1.3（b）に示されるような遅れや振動的な性質は，システムの伝達関数（transfer function）の形により，また伝達関数を構成する各係数の値によりさまざまに変化する。システム（またはそれを構成する要素）の伝達関数は，その基本的な関数形に基づき，比例要素（または0次遅れ要素），1次遅れ系（1次遅れ要素，），2次遅れ系，むだ時間要素，などに分類される。ここに比例要素とは，その入出力特性が式（1.1）によって表されるものをいう。

$$c(t) = kr(t) \tag{1.1}$$

上式は，入力のどのような変化に対しても，出力がまったく遅れることなく追従する（遅れの程度が0次である）ことを表している。したがって式（1.1）によって表現されるシステムは理想的な動きをするシステムであるといえる。

ただし，システムを構成するさまざまな要素の中には，その入出力特性を実用上は式 (1.1) によって表現できるものがあり（たとえば直流増幅器），したがって比例要素自体は現実的なものである。

システムへの入力信号を $r(t)$，出力信号を $c(t)$ で表すと，伝達関数 $G(s)$ はつぎのように定義される（ただし，すべての初期条件を0とするとの前提下で）。

$$G(s) = \frac{C(s)}{R(s)} \tag{1.2}$$

ここに，$R(s)$，$C(s)$ はそれぞれ $r(t)$，$c(t)$ のラプラス（Laplace）領域での変数であり，s はラプラス演算子を表す。

上式のように定義される伝達関数を，代表的な機械システムと電気システムに対して求めてみよう。まず，機械システムの代表例として，図 **1.4** に示すようなダンパ（減衰器：damper）の作用するばね・質量系（$m \cdot k \cdot c$ 機械システム）を考える。外力として $u(t)$ が働くものとすると，物体の変位 x に関する運動方程式は次式で与えられる。

$$m\frac{d^2x}{dt^2} + c\frac{dx}{dt} + kx = u \tag{1.3}$$

ただし，m〔kg〕：質量（mass），c〔N·s/m〕：粘性減衰係数（viscous damping coefficient），k〔N/m〕：ばね定数（spring constant）である。

つぎに電気システムの代表例として，図 **1.5** に示すようなインダクタ（inductor：インダクタンスを L〔H〕とする）と抵抗器（resistor：抵抗 R

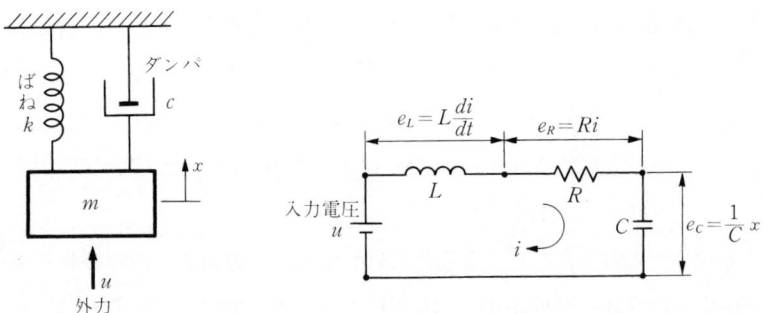

図 **1.4** ばね・質量・ダンパ系　　　図 **1.5** $L \cdot R \cdot C$ 電気回路

1.2 システムの動特性

〔Ω〕) とコンデンサ (capacitor：キャパシタンス C 〔F〕) を直列に接続した $L \cdot R \cdot C$ 電気回路を考える。ここに入力電圧を u，コンデンサに蓄えられる電荷を x とすると，次式が成り立つ。

$$L\frac{di}{dt} + Ri + \frac{1}{C}x = u \tag{1.4}$$

電流と電荷の関係 ($i = dx/dt$) をもとに，上式を x に関する式に書き改めれば次式が得られる。

$$L\frac{d^2x}{dt^2} + R\frac{dx}{dt} + \frac{1}{C}x = u \tag{1.5}$$

式 (1.3) と式 (1.5) は，いずれも 2 階の常微分方程式であり，両式はつぎのような共通の関係式で表される。

$$\frac{d^2x}{dt^2} + 2\zeta\omega_n\frac{dx}{dt} + \omega_n^2 x = \frac{\omega_n^2}{k}u \tag{1.6}$$

上式中の ζ などの係数は，例えば $m \cdot k \cdot c$ システムの場合，つぎのように表される。

$$\zeta = \frac{c}{2\sqrt{mk}}, \qquad \omega_n = \sqrt{\frac{k}{m}} \tag{1.7}$$

ここに，ζ は無次元の減衰係数 (または減衰率。damping ratio)，ω_n 〔rad/s〕は固有角周波数 (natural angular frequency) という。

伝達関数を求めようとするいまの場合，初期値を 0 とおいて式 (1.6) をラプラス変換 (Laplace transform) すると次式が得られる。

$$(s^2 + 2\zeta\omega_n s + \omega_n^2)X(s) = \frac{\omega_n^2}{k}U(s) \tag{1.8}$$

式 (1.2) の定義より，伝達関数は次式によって表される。

$$G(s) = \frac{X(s)}{U(s)} = \frac{\omega_n^2/k}{s^2 + 2\zeta\omega_n s + \omega_n^2} \tag{1.9}$$

上式の伝達関数は，分母が s に関する 2 次の代数方程式であることから 2 次遅れ系という。すなわち，図 1.4 の $m \cdot k \cdot c$ 機械システムと図 1.5 の $L \cdot R \cdot C$ 電気

回路は，同じ2次遅れ系の伝達関数によって表される。したがって，両者は基本的に同じ応答性能をもつことになる。

つぎに，式（1.9）をもとに，2次遅れ系のステップ応答を求めてみる。入力 $u(t)$ は，大きさが1のステップ波形であるとすると，そのラプラス変換形は次式で与えられる。

$$U(s) = \frac{1}{s} \tag{1.10}$$

上式を式（1.9）に代入すれば，応答 $X(s)$ は次式となる。

$$X(s) = \frac{\omega_n^2/k}{s(s^2 + 2\zeta\omega_n s + \omega_n^2)} \tag{1.11}$$

時間応答 $x(t)$ は，上式を逆ラプラス変換することによって求められ，ラプラス変換表によれば，式（1.12）によって表される。

$$x(t) = \frac{1}{k}\left[1 - \frac{e^{-\zeta\omega_n t}}{\sqrt{1-\zeta^2}} \cos(\omega_n\sqrt{1-\zeta^2}\,t - \phi)\right] \tag{1.12}$$

ただし

$$\phi = \tan^{-1}\frac{\sqrt{1-\zeta^2}}{\zeta}$$

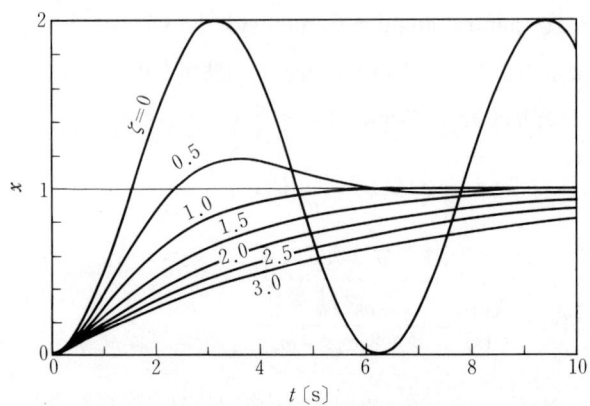

図1.6　2次遅れ系のステップ応答

式 (1.12) によるステップ応答 $x(t)$ の計算結果を**図1.6**に示す。図によれば，パラメータ (parameter) である減衰係数 ζ の値によって，応答がさまざまに変化する様子が示されている。

例題 1.1 1次遅れ系の伝達関数は次式で表される。

$$G(s) = \frac{C(s)}{R(s)} = \frac{k}{1+Ts} \tag{1.13}$$

上式を用いて，1次遅れ系の単位ステップ応答を求め，その応答波形の概略を図示せよ。

解 答 単位ステップ入力のとき，$R(s)$は $R(s) = 1/s$ となるから

$$C(s) = \frac{k}{s(1+Ts)} \tag{1.14}$$

ラプラス変換表を用いて式 (1.14) を逆変換すれば，$c(t)$ は次式となる。

$$c(t) = k(1 - e^{-t/T}) \tag{1.15}$$

上式によれば**図1.7**のような応答波形が得られる。

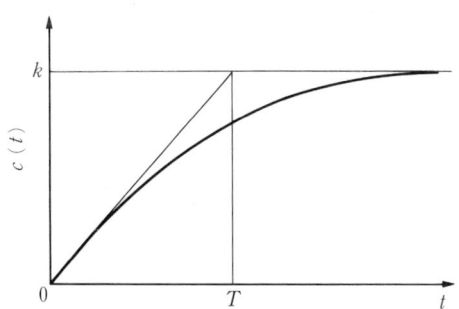

図1.7　1次遅れ系のステップ応答

なお式 (1.15) より，$t=0$ での接線 y を求めてみると，$y = (k/T)t$ となる。

この接線 y と，応答の最終値 k との交点に達するまでの時間を求めるとその大きさは T に一致する。すなわち，時間 T は応答速度の尺度とみなすことができるので，これを時定数 (time constant) と呼んでいる。

システムの応答性能は，基本的には安定性，速応性，減衰特性および制御精度の四つの側面から評価されるが，その定量的な評価は，**図1.8**[1] に示される

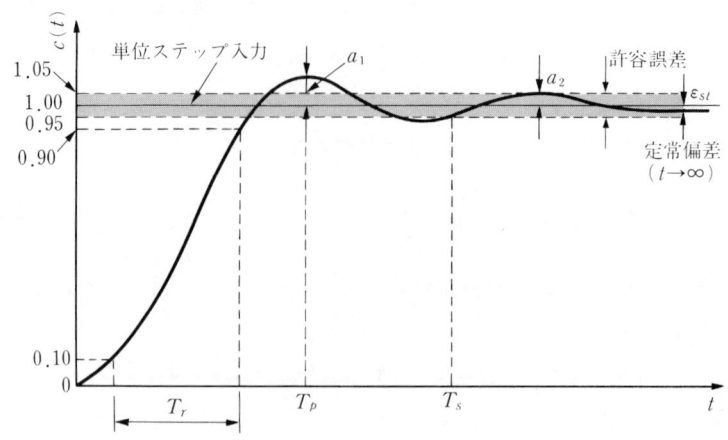

図1.8 ステップ応答の評価基準[1]

ようなステップ応答波形に基づいて行うことができる。図の場合，目標値1に対する応答 $c(t)$ の許容誤差が5％に設定されているが，その大きさは制御目的によって異なりうる。応答が許容誤差範囲内に達するまでの時間 T_s を整定時間（settling time）という。この T_s は，減衰特性と速応性の両方に関係している。目標値に対する行き過ぎ量（オーバシュート：over shoot）である a_1 と a_2 の比，a_2/a_1 によってシステムの減衰特性を評価することができる。立上り時間（rise time）T_r とピーク時間 T_p によって速応性を，また定常偏差 ε_{st} 〔steady state error またはオフセット（offset）ともいう〕によって制御精度を評価することができる。

1.2.2　周波数特性

先の過渡応答では，ステップ入力などに対する出力信号の時間的変化に注目してシステムの動特性を考えた。これに対して，正弦波を入力信号として与えたときの応答が周波数応答（frequency response）であり，これに基づいたときの動特性を周波数特性（frequency characteristics）という。図1.9 (a)，(b) に示すように，線形（linear）なシステムへの入力信号を正弦波：$A\sin\omega t$ で与えると，初期の過渡的な状態が過ぎれば（すなわち定常状態に達すると），

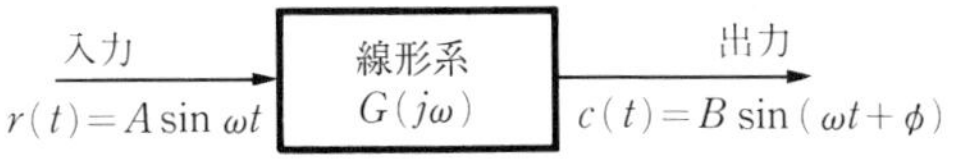

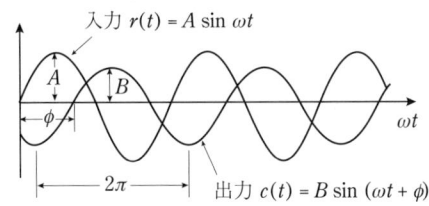

(a) システムへの入力と出力

(b) 入力と出力の波形

図1.9　周波数応答

出力側には同じ周波数をもつ正弦波：$B\sin(\omega t + \phi)$が現れる。

ここに，B/Aを振幅比，ϕを位相（または位相差：phase shift）という。また，伝達関数$G(s)$において，$s = j\omega$（jは虚数単位）を代入した$G(j\omega)$を周波数伝達関数といい，$G(j\omega)$と振幅比，位相との間にはつぎの関係が成り立つ。

$$|G(j\omega)| = \frac{B}{A}, \qquad \angle G(j\omega) = \phi \tag{1.16}$$

式（1.16）によれば，任意の周波数ωに対する振幅比と位相を求めることができる。周波数ωを0から∞まで変化させたときの振幅比と位相の関係をグラフで表示したものが周波数特性であり，通常，その関係はボード線図（Bode diagram）によって表される。ボード線図では，振幅比はdB（デシベル）値を用いて表示され，これをゲイン（gain）という。すなわちゲインをgとすると

$$g = 20 \log |G(j\omega)| \; [\text{dB}] \tag{1.17}$$

で表される。

ゲインgと周波数ωとの関係曲線をゲイン曲線，位相ϕとωとのそれを位相曲線という。ゲイン曲線，位相曲線とも，横軸には，ωの値を対数目盛で表示し，これら二つの曲線を含む線図がボード線図である。

式（1.9）によって与えられる2次遅れ系のボード線図は**図1.10**[2]のように

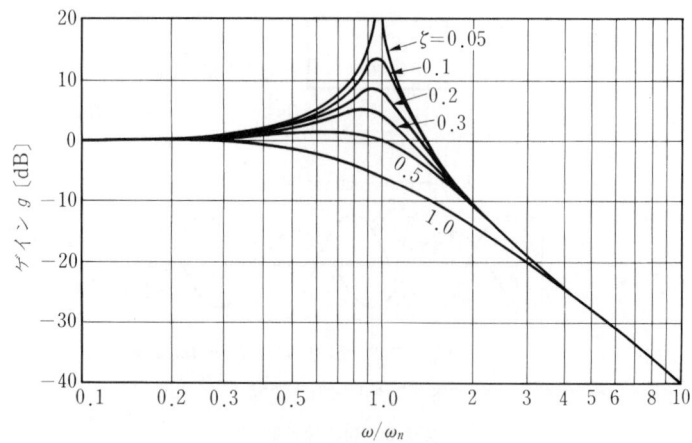

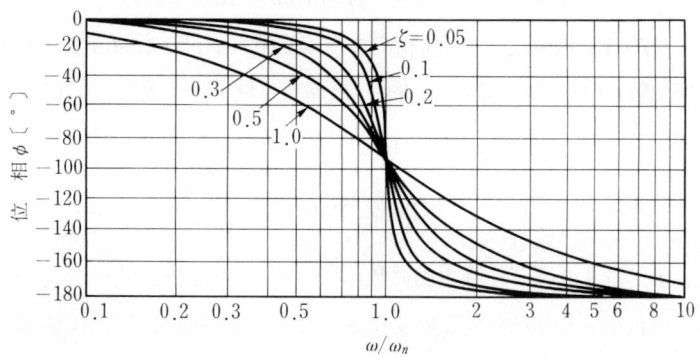

図1.10 2次遅れ系のボード線図[2]

表される。図には,減衰係数 ζ をパラメータとするときのゲイン曲線と位相曲線が,横軸に無次元の周波数 ω/ω_n を取って表されている(ここに ω_n はシステムの固有角周波数を表す)。

例題 1.2 式 (1.9) で表される2次遅れ系の伝達関数をもとに,$\omega/\omega_n \ll 1$ と $\omega/\omega_n \gg 1$ のときについてゲイン g と位相差 ϕ を求め,そのボード線図が定性的に図1.10のように表されることを確認せよ。ただし,$k = 1$ とする。

解 答 式 (1.9) において,$s = j\omega$,$k = 1$ とおくと,周波数伝達関数は

$$G(j\omega) = \frac{1}{(j\omega/\omega_n)^2 + 2\zeta(j\omega/\omega_n) + 1} \tag{1.18}$$

まず $\omega/\omega_n \ll 1$ の場合を考えると $G(j\omega) \fallingdotseq 1$ となる．したがってこのときのゲイン $g = 20\log|G(j\omega)|$ と位相 $\phi = \angle G(j\omega)$ は，

$g = 0$ dB,　　$\phi = 0°$

つぎに $\omega/\omega_n \gg 1$ の場合を考えると

$$G(j\omega) \fallingdotseq \frac{-1}{(\omega/\omega_n)^2} \tag{1.19}$$

となるから，このとき g の近似折線は

$$g = -20\log\left(\frac{\omega}{\omega_n}\right)^2 = -40\log\left(\frac{\omega}{\omega_n}\right) \tag{1.20}$$

で与えられる．これは $\omega/\omega_n = 1$ を通り，また ω/ω_n が1デカード（decade．すなわち10倍）進むごとに40 dB 減少する直線（傾き：-40 dB/dec）となる．また位相は $\phi = -180°$ となる．

以上の結果によれば，定性的に図1.10のボード線図が得られる（ただし，図に示されるように，$\omega/\omega_n = 1$ 付近のゲイン線図は近似折線と著しく異なる場合も含まれるので，詳細な特性を知るには数値計算に頼らねばならない）．

図1.10のブロック線図を概略的に眺めると，周波数 ω を増すにつれて，ゲインが減少し，一方，位相の遅れが増大する傾向にある．このような挙動を，理想的な制御システムの場合と対比してみよう．理想的な制御システムとは，入力信号のいかなる速い動き（すなわち，いかなる高い周波数）に対しても遅れることなく，正確に追従しうるシステムであり，その特性は式 (1.1)（比例要素の特性）によって表される．このような特性をボード線図上に表現すれば（ただし，比例定数を $k = 1$ とする），$\omega = 0$ から ∞ にわたって，ゲイン曲線が $g = 0$ dB，ならびに位相曲線が $\phi = 0$ となる2直線で表される．すなわち，ボード線図に基づくシステムの動特性は，これら2直線からの逸脱の度合いによって評価することができる．図1.10中のゲイン線図によれば，直線 $g = 0$ からの逸脱は，$\omega/\omega_n = 1$ 近傍から顕著に現れている．その現れ方をみると，減衰係

数 ζ が小さいときには，$\omega/\omega_n = 1$ の近傍でゲインはいったん増大し，以後，ω の増加につれて急速に減少している。ζ が大きいときには，ゲインは増大することなく，$\omega/\omega_n = 1$ 近傍から急速に減少している。この $\omega/\omega_n = 1$ 近傍におけるゲインの増大は，システムの共振現象（resonance）によるものである。入力の周波数 ω がシステムの固有角周波数 ω_n に一致したときに生ずる共振により，出力が大振幅を伴って振動するような事態は避けねばならず，そのために減衰係数 ζ の値を適度の大きさ（通常は，およそ $\zeta = 0.7$）に調整する必要があることはいうまでもない。

共振点である $\omega/\omega_n = 1$ 近傍から始まるゲインの急速な減少は，$\omega > \omega_n$ になると出力振幅が急激に低下することを意味し，したがって入力信号の動きに追従しうる周波数の限界はほぼ $\omega = \omega_n$ の点にあることを示している。すなわち，2次遅れ系の場合，追従しうる周波数の限界はシステムの固有角周波数に大きく支配される。

このような限界に相当する周波数は，一般に応答周波数または限界周波数（critical frequency）と呼ばれ，システムの速応性を表す重要な尺度となる。なお，応答周波数と同様な意味をもち，より厳密に定義された速応性の尺度として，バンド幅（bandwidth），カットオフ周波数（cut off frequency：折点周波数ともいう），90°位相遅れ時の周波数，ピーク周波数（resonant peak frequency）などが用いられている。

例題 1.3 式 (1.13) で表される1次遅れ系の伝達関数を用いて，その周波数特性をボード線図に描け（ただし，$k = 1$ とする）。

解　答 式 (1.13) において，$k = 1$，$s = j\omega$ とおくと，式 (1.21) が得られる。

$$G(j\omega) = \frac{1}{1 + (\omega T)^2} - j\frac{\omega T}{1 + (\omega T)^2} \tag{1.21}$$

式 (1.21) からゲイン g と位相 ϕ を求めると

$$g = 20\log\frac{1}{\sqrt{1 + (\omega T)^2}} = -20\log\sqrt{1 + (\omega T)^2} \tag{1.22}$$

$$\phi = \tan^{-1}(-\omega T) \tag{1.23}$$

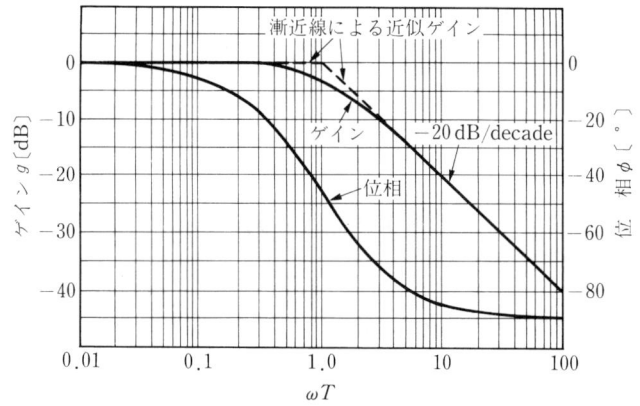

図1.11 1次遅れ系のボード線図[2)]

上の式 (1.22), (1.23) から, 無次元周波数 ωT ごとの g と ϕ を計算すれば図1.11[2)] のようなボード線図が得られる。

なお, $\omega T \ll 1$ と $\omega T \gg 1$ の場合について調べてみると

まず $\omega T \ll 1$ のとき

$$g = 0 \text{ dB}, \quad \phi = 0°$$

つぎに $\omega T \gg 1$ のときは

$$g = -20 \log(\omega T), \quad \phi = -90°$$

となる。このとき, g の漸近線は $\omega T = 1$ を通り, -20 dB/dec の傾きをもつ直線で与えられる。

例題 1.4 図1.10のボード線図を参照しながら, 共振とはどのような現象かを説明せよ。また, 共振を避ける方法についても考察せよ。

解 答 システムに正弦的な強制外力が作用する場合, 強制外力の周波数 ω とシステムの固有角周波数 ω_n が一致する (または近づく) と, システムの振幅が非常に大きくなる現象を共振という。図中のゲイン線図は, 振幅比 (ただしデシベル表示) と強制外力の周波数 ω との関係曲線を表している (このような曲線を一般に共振曲線という)。

図によれば, $\omega/\omega_n = 1$, すなわち共振点となる $\omega = \omega_n$ の近傍で振幅比の急激な増大がみられる。またその増加は, 減衰係数 ζ が小さいほど顕著に現れている。

共振が生じないようにするための第1の方法は, 共振点を避けることである。そのためには, ① 強制外力の周波数 ω を変化させる, ② システムの固有角周波数 ω_n

($= \sqrt{k/m}$。m：システムの質量，k：ばね定数）を変化させる（そのために，m またはkの値を変える）などの方法が考えられる。第2の方法として，システムに作用する減衰を増加させることが考えられる。ただし，減衰を過度に加えればシステムは動きにくくなるので，おのずと限界がある。

1.3 アナログサーボとディジタルサーボ

1.3.1 アナログ量とディジタル量

われわれが扱う多くの物理量（例えば物体の変位や速度）は，空間的に連続している値で表され，したがってその分解能（resolution：測定値を読みとることができる測定量の最小変化量）を無限に小さくとることができる。このように空間的に連続な量をアナログ量（analog quantity）という。このような連続量に対して，数値などのように，飛び飛びの値しかとることができない量（空間的に不連続な量）をディジタル量（digital quantity）という。

コンピュータが扱う信号はすべてディジタル量であり，2値信号（binary signal）である。2値信号とは，0と1，ONとOFF，真と偽などの二つのレベルをもつ信号であり，コンピュータでは0と1をそれぞれ高電圧と低電圧に対応させている。この2値信号の組合せによって数を表すとき，組合せに用いる桁数をビット（bit，情報の最小単位）という。例えば，2ビットであれば2進数値 00, 01, 10, 11 の4種類のデータをもとに，10進数値の0～3を表すことができる。

8ビットにおける2進数の数値例とそれに対応する10進数を**表1.1**に示す。8ビットの場合には，0～255の10進数，すなわち256個（$= 2^8$）のデータを扱

表1.1 8ビットの2進数

2進数	10進数への換算	10進数
0 0 0 1 0 0 1 1	$2^4 + 2^1 + 2^0$	19
0 0 1 0 1 0 1 0	$2^5 + 2^3 + 2^1$	42
1 0 1 0 0 0 0 1	$2^7 + 2^5 + 2^0$	161

うことができる。

1.3.2　ディジタルサーボの特長

図1.1に示されるサーボシステムは，信号がすべてアナログ量であるのでアナログ式のサーボシステムである。このシステムにコンピュータを組み込むことによってディジタル化すれば，ディジタルサーボシステム（digital servo-system）がもたらされる。アナログ式に比して，ディジタルサーボはつぎのような特長をもつ。

(1) プログラマブルサーボ（programmable servo）またはソフトウェアサーボ（software servo）が実現される。つまりハードウェア（hardware）を変更することなく，ソフトウェア（software）のみの変更によって，容易にさまざまな機能の対処が可能となる（柔軟性の付与）。
(2) コンピュータがもつ記憶機能，高度の演算能力を活用することにより，より高精度・高機能にして簡便なサーボシステムが実現できる。
(3) 精密なディジタル計測システムを使用できる。
(4) ノイズ（noise：雑音信号）やドリフト（drift）がない。

一方，演算の高速性という点では，アナログ式に比べてディジタル式は劣り，実時間処理を高速で行なおうとする場合にはこの点が問題となる。したがって，特別に高速応答を必要とする場合以外は，ディジタルサーボの特長が生かされ，有利となる。

アナログサーボからディジタルサーボへの移行過程は，ディジタル化を図る程度によって種々の段階がありうる。サーボシステムの基本構成（図1.2参照）を，指令要素（目標値の設定部），演算処理要素，増幅器，操作部（アクチュエータ），検出部（センサ）に分けるとき，これらすべての要素をディジタル化した場合がいわば全ディジタルサーボである。しかしながら，総合的にみて，つねに全ディジタルサーボが有利とは限らず，アナログ要素とディジタル要素の混在するハイブリッド（hybrid）方式が実際には多用されている。

1.3.3 パルス幅変調（PWM）法

図1.1に示されるサーボシステムでは，サーボモータの駆動に要する電圧を連続的に変化させるアナログ方式が用いられている．これをディジタル的に駆動する代表的な方法の一つにパルス幅変調（pulse width modulation：PWM）法がある．PWM法とは，のこぎり波または三角波を搬送波（carrier wave）に使って，アナログ信号をパルス幅に変調する方式である．

図1.12(a)(b)がその原理的な説明図であり，のこぎり波 $r(t)$ を搬送波に用いて，アナログ信号 $e(t)$ をPWM信号 $f(t)$ に変調するときの様子が示されている．

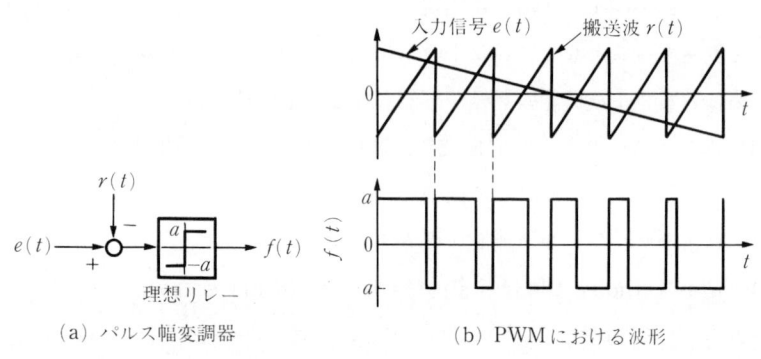

(a) パルス幅変調器　　　(b) PWMにおける波形

図1.12 PWM法の原理

図 (a) に示すように，$r(t)$ と $e(t)$ は加え合わせ点で比較され，その差の正負に応じてリレー（理想リレー：ideal relay）が作動すれば，変調されたパルス列信号 $f(t)$ が得られる．

PWM法では，変調信号 $f(t)$ の平均値（搬送波の周期に対する時間平均）をとると，それはアナログ信号 $e(t)$ の大きさにほぼ比例しており，連続動作に近いものとなる．より連続動作に近づけるためには搬送波の周波数を増大させればよい．

サーボモータをPWM法で駆動するためには，増幅器からの出力信号がパルス幅変調されていることを必要とし，増幅器内におけるそのためのオンオフ駆

動は，一般にトランジスタによって実現される。オンオフ方式の増幅器（スイッチングアンプ：switching amplifier）はアナログ式に比してエネルギー効率がよい（したがって発熱も少ない）ことから，電気式サーボモータの駆動用として広く用いられている。また油圧や空気圧サーボシステムにおいても，オンオフの2値で作動する高速電磁弁などを用いて，PWM法の導入によるディジタルサーボ化が図られる。

なお，制御に用いられるPWM法以外のパルス変調法として，パルスの振幅に変調するパルス振幅変調（pulse amplitude modulation：PAM），パルスの繰り返し周波数に変調するパルス周波数変調（pulse frequency modulation：PFM），パルスの数に変調するパルス数変調（pulse number modulation：PNM），PNM法におけるパルス数を1または0によって符号化するパルス符号変調（pulse code modulation：PCM）などがある。

1.4 コントローラ

サーボシステムにおけるコントローラ（controller）は，図1.2に示したように，一般に演算処理回路（信号処理回路）と駆動回路（増幅器）によって構成されている。コントローラの基本的な役割は，目標値に対して制御量を安定かつ速やかに追従させるために，アクチュエータへの操作信号を適切に作りだすことにある。そのために演算処理回路は，偏差 e の大きさや変化状況に応じて，アクチュエータに必要とされる操作信号を演算処理して出力する（この演算処理をするための規則が制御アルゴリズムである）。次いで操作信号は駆動回路によって増幅され，アクチュエータに出力される。

1.4.1 PID制御動作

操作信号（uとする）を演算処理するための制御アルゴリズム（control algorithm）としては，次式で表されるPID制御（proportional integral and derivative control）のアルゴリズムが一般に広く用いられている。

$$u = K_P\left(e + \frac{1}{T_I}\int e\,dt + T_D\frac{de}{dt}\right) \tag{1.24}$$

この伝達関数を $G_c(s)$ とすれば，次式で表される．

$$G_c(s) = K_P\left(1 + \frac{1}{T_I s} + T_D s\right) \tag{1.25}$$

ただし，K_P：比例ゲイン（proportional gain），T_I：積分時定数，T_D：微分時定数である．

上式の制御アルゴリズムに基づく制御動作をPID動作（または，比例＋積分＋微分動作）といい，これを用いた制御系は，一般に図1.13のようなブロック線図で表される．ここに，P動作（比例動作）のみを用いた場合が比例制御（proportional control）であり，多くの制御システムではこの方法によってもかなりよい応答性能が得られる．ただし，そのためには比例ゲインK_Pを最適な値に調整（チューニング：tuning）する必要があり，このとき，速応性と安定性に関する相克の問題に直面する（速応性と安定性が両立し得ないのは制御システムの宿命であり，そのために何らかの妥協を余儀なくされる）．

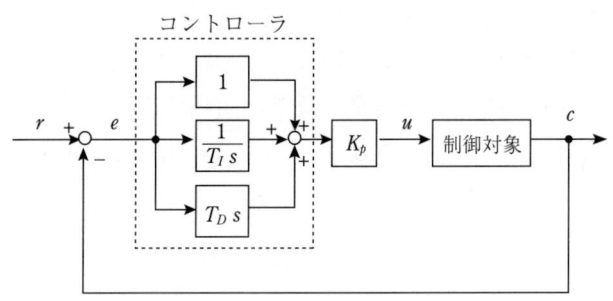

図1.13　PID動作に基づく制御系

P動作は，現在の偏差の大きさに見合って（比例させて）制御を行うものであるが，このP動作のみでは応答性能が不満足な場合，IまたはD動作を適度に組み合わせる．I動作は，偏差eの積分値（過去の偏差の累積値）を出力する機能であるから，定常偏差をなくしたり安定性を高めるのに有効である．またD動作は，偏差の微分値（この値が大きいほど，先々，急激な誤差の増加が

予測される）を出力する機能であるから，先を見越しての訂正動作が可能となり，速応性などの制御性能の改善に役立つ（ただし，システム中のノイズを増幅する傾向がある点での注意を要する）。

PID 動作などの制御アルゴリズムをアナログ電子回路によって構成したものをアナログコントローラ（analog controller）という。アナログコントローラは高速な演算処理が可能な反面，PID 動作のような簡単な制御アルゴリズムにしか適さず，またアルゴリズムの変更が困難などの短所をもつ。

これに対して，制御アルゴリズムをプログラムに基づくソフトウェアによって実現したものがディジタルコントローラ（digital controller）である。ディジタルコントローラによれば，演算速度の点はアナログ式に比して劣るものの，複雑・高度な制御アルゴリズム（例えば，ロバスト制御や適応制御の適用），およびその変更に対しても容易に対処することができる。

近年，PID コントローラにおけるゲイン調整をオンラインで自動的に行うセルフチューニング制御（self-tuning control）をはじめ，適応制御（adaptive control），ロバスト制御（robust control），ニューラルネットワーク制御（neural-network control）などの先端的制御理論が活発に取り入れられている。

1.4.2 駆動回路

演算処理回路から出力される操作信号 u は，一般にパワーレベル（power level）が小さいため，これによってアクチュエータを駆動するためにはパワー増幅を必要とする。駆動回路（drive circuit）の基本的な役割はパワーの増幅にあるが，その具体的方法には，アナログ式またはディジタル式などをはじめ各種の駆動方式があり，それに応じた駆動回路がある。

電気サーボモータ用に使用されるおもな駆動回路は，直流サーボアンプ，交流サーボアンプ，PWM サーボアンプ，などである。油圧や空気圧サーボシステムにおける駆動回路としては，作動流体の圧力や流量または流れの方向を制御するための各種制御弁が該当する。

1.5 サーボ用センサ

サーボシステムの基本要素である検出部においては，おもに制御量の変位（直進変位または角変位）と（角）速度の検出が必要とされる。センサ(sensor)による検出信号が，システムの状態を忠実に把握・伝達しなければ，正確な制御を行うことができない。システムの制御精度は，センサの検出精度を決して上回ることができないからである。

このようにセンサは，システムの制御精度，ひいては動特性に対して直接に影響を与える重要な要素である。サーボ用に用いられるセンサとしては，用途や測定精度などに応じて多くの種類があり，これらはアナログ式とディジタル式に大別される。サーボシステムに用いられる代表的なセンサを**表1.2**に示す。センサの選択にあたっては，測定精度（accuracy），分解能（resolution），測定範囲（range），静特性（直線性と感度），動特性（周波数特性と過渡特性），耐環境性，コンパクト性などを総合的に考慮し，最適なものを選ばねばならない。

以下には表1.2に示されるもののうち，タコメータジェネレータとロータリエンコーダ（光学式）についてその概略を述べる。

表1.2 代表的なサーボ用センサ

センサ	アナログ式	ディジタル式
直進変位センサ	差動トランス ポテンショメータ ひずみゲージ式センサ うず電流センサ	リニアエンコーダ （光学式および磁気式）
角変位センサ	ポテンショメータ 差動トランス レゾルバ	ロータリエンコーダ （光学式および磁気式）
速度センサ	タコメータジェネレータ レゾルバ 差動トランス	ロータリエンコーダ （光学式および磁気式）

1.5.1 ロータリエンコーダ

ロータリエンコーダ（rotary encoder）は回転角度を符号化（encode）して出力するディジタル式の角変位センサであり，1回転に一定数のパルス（pulse）を出力する。したがってパルス周波数は回転速度に比例する。

角変位に比例したパルス数を出力するインクレメンタル（incremental）形と，符号化された絶対角度信号を出力するアブソリュート（absolute）形の2種類がある。インクレメンタル形の場合，移動量の増大・減少を検出することは容易であるが，絶対位置の検出にはやや不向きとなる。いずれの形式のものも，パルス信号を光学的に作りだすか磁気的に作りだすかによって光学式と磁気式に分類される（このほかに，より精密な計測を可能にするレーザ式のものがある）。

図1.14は光学式ロータリエンコーダの原理的な構成図であり，多数のスリットを付した回転ディスクと，検出用の固定スリットが近接して配置されている。一方向から，光源（例えば，発光ダイオードや白熱ランプ）より発した光をあて，回転ディスクと固定スリットを通過させる。この光を，フォトダイオードやフォトトランジスタなどの受光素子によって受け，電気信号に変換する。図には，A，B相に相当する2個の受光素子が示されており，その位置的関係

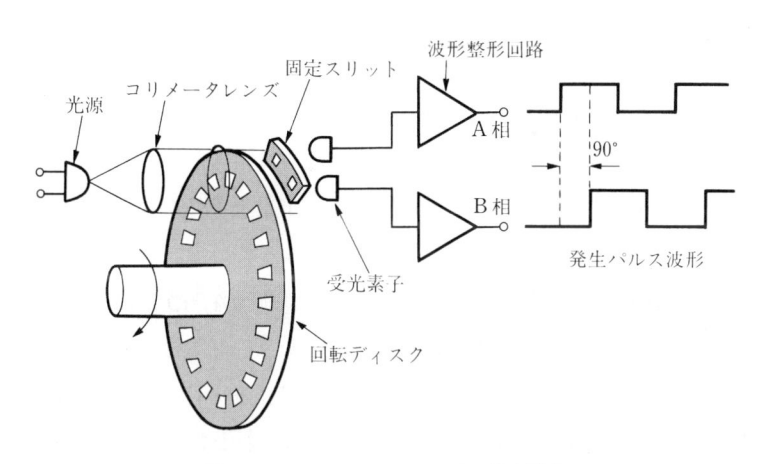

図1.14 ロータリエンコーダの基本構成

により，両相に現れるパルス列には位相差が生ずる。

通常の場合，出力信号はA，B，C相の3相からなり，このうちA，B相に生ずるパルス列には90°の位相差をもたせる。この位相差は，回転方向の判別に用いられるもので，位相の進み・遅れによって正転・逆転を判別することができる。図における発生パルス波形ではA相の方が90°進んでいるが，逆回転にすればB相の方が進むことになる。C相からは1回転に一つのパルスが発生し，これは回転角の原点を参照するために利用される。

A，B相に生ずるパルス数は，通常，1回転当り100～50 000の範囲である。そのパルス数を，ある基準の時間幅に対して計数すれば角速度が求められる。これらディジタル量である出力パルス数をアナログ量に変換する必要のある場合には，周波数-電圧変換器（f-v変換器）を用いればよい。

直進変位や速度の計測に用いられるリニアエンコーダ（linear encoder）は，ロータリエンコーダをリニア（直線）化したもの（直線方向に展開したもの）と考えてよい。

1.5.2 タコメータジェネレータ

タコメータジェネレータ（tachometer generator）とは，速度計測用の発電機にほかならず，ブラシ（刷子：brush）のある・なしにより2種類の形式に分類される。ブラシのある形式のものはDCタコジェネレータとも呼ばれ，その構造は直流モータと基本的に同じである。ブラシのない形のもの（ブラシレスDCタコメータジェネレータ）は交流発電機に相当している。いずれも発電機としての機能により，直流または交流電圧を発生させながら，出力端では回転速度に比例した直流電圧が得られるようになっている。

ブラシレスDCタコメータジェネレータの作動原理図を**図1.15**[3]）に示す。ジェネレータは発電機部と電子的整流回路部からなり，発電機部は回転子永久磁石形 m 相発電機方式となっている（図示の例では，$m = 4$）。入力軸が回転することにより，各固定子コイルには，$2\pi/m$ 位相のずれた電圧が誘起され，電子的整流回路のゲート入力に導かれる。固定子には，各固定子コイルに対応した

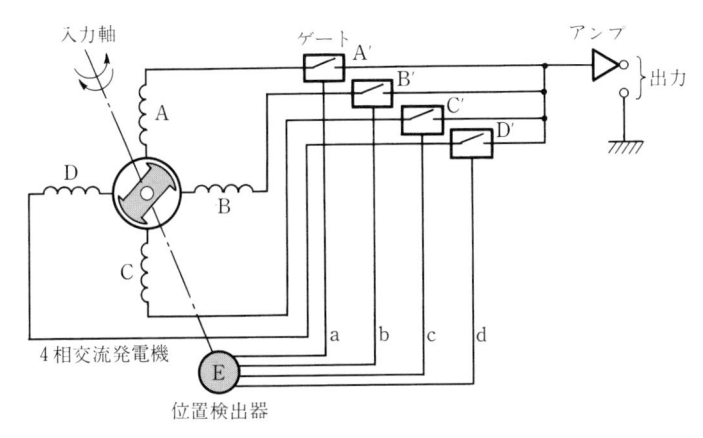

図1.15 ブラシレスDCタコメータジェネレータの作動原理

m 個の位置検出器（a〜d）が配置されており，入力軸が $2\pi/m$ 回転するごとに，順次に作動する．この動作信号により，ゲートを制御し，直流出力電圧分のみが取り出される．なお，入力軸を逆回転させた場合には，各固定子コイルには正転の場合と180°位相のずれた電圧が誘起されるため，逆極性の出力電圧が得られる．

1.6　マイクロコンピュータ（マイコン）の活用

膨大な情報量を正確に記憶し，高速に演算・認識・判断処理することができるマイクロコンピュータ（マイコン）の活用法は，コントローラ的な活用法（制御用マイコン）と科学技術・事務計算などの情報処理用とに大別される．FA（factory automation：工場の生産機構を自動化・機械化すること）用装置としてのロボットやNC（numerical control）工作機械，OA（office automation）用の各種事務機器，電子レンジやミシンなどの家庭用機器，自動車に活躍しているマイコンは，すべて制御用としての活用である．その活用を容易にするために，マイコン機能を一つのチップに組み込んだものがワンチップマイコン（またはマイクロコントローラ），ボード一枚にマイコン機能を搭載したものがワンボードマイコンである．これらマイコンをサーボシステムに活用す

れば，簡便にして高機能なディジタルサーボシステムがもたらされる．

1.6.1 マイコンを活用したディジタルサーボシステム

サーボモータをディジタル信号によって駆動する方法として，たとえばパルス幅変調（PWM）法を採用し，オンオフ駆動式の増幅器（スイッチングアンプ），ロータリエンコーダなどのディジタル式センサを用いれば，コンピュータを活用した図1.16のようなディジタルサーボシステムを構成することができる．

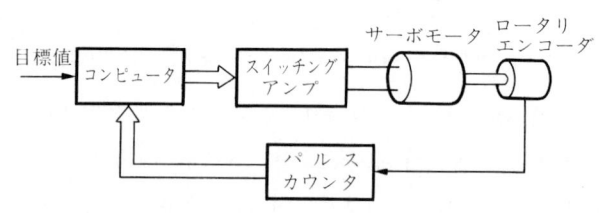

図1.16 マイコンを活用したディジタルサーボシステム

制御量に対する目標値は，コンピュータのキーボードを介してあらかじめ設定され，メモリ内に記憶されている．一方，制御量であるモータの回転角または回転数の現在値は，ロータリエンコーダとパルス数を計数するパルスカウンタ（pulse counter）から時々刻々にコンピュータへ伝えられる．この現在値と目標値との比較から得られる偏差に基づいて，コンピュータはサーボモータへ送るべき信号を演算する（その演算ルールは，制御則アルゴリズムに基づいてプログラム化されている）．

その演算結果はPWM信号に換算されており，したがってオンオフ信号としてコンピュータから出力される．次いでこの信号はスイッチングアンプによってそのまま電力増幅され，その出力量に基づいてサーボモータは必要とされる回転を得る．

1.6.2 マイコンの仕組みと役割

ここではマイコンの基本的な利用法を理解するために，その構成や役割につ

いて概略的な説明をする[4), 5)]。

マイコンの基本構成図を**図1.17**に示す。マイコンの基本機能には，計算・制御，記憶，外部機器との入出力の3種類があり，これら3機能に携わる要素がそれぞれCPU，メモリ，入出力ポート（I/Oポート）である。またこれら3要素は，共用の配線であるバス（bus）によって結ばれ，これによって相互に信号をやり取りする。

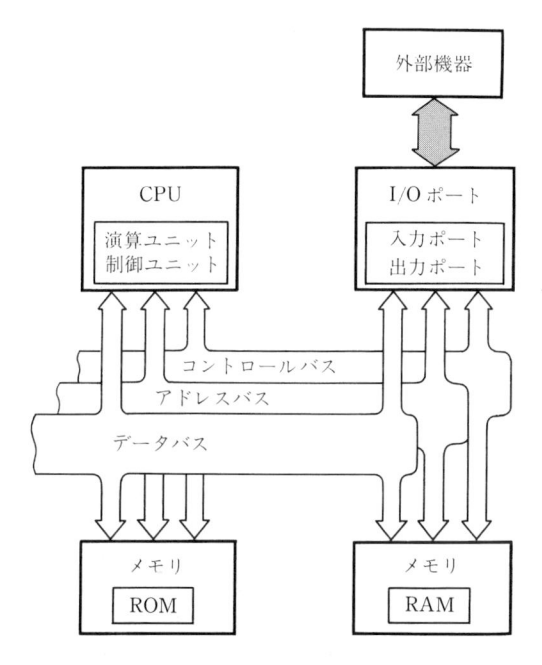

図1.17 マイコンの基本構成

[1] 中央処理装置（CPU：central processing unit）

演算ユニットと制御ユニットからなるマイコンの中枢部が中央処理装置（CPU）である。演算ユニットは算術計算や論理計算を行う。制御ユニットは，マイコン内部の信号の流れや外部との信号の受け渡しを制御する。このCPU部分を半導体技術で1チップ化したLSI（大規模集積回路：large-scale integration）素子をマイクロプロセッサ（microprocessor）という。

[2] メモリ（記憶装置：memory）

プログラムやデータを記憶する装置で，ROM（ロム：read only memory）とRAM（ラム：random access memory）の2種類がある。ROMは記憶されている内容を読み出すだけ（したがって内容の変更はできない）の読出し専用であり，電源を切っても記憶内容が保存される形のメモリである。RAMは読出しも書込みもできるが，電源を切ると消去される形のメモリである。

[3] I/Oポート（入出力ポート：input/output port）

I/Oポートは，入力ポート（input port）と出力ポート（output port）から成り，CPUと外部機器との間でデータのやりとりをするための中継点となる。外部機器には，CRT（陰極線管：cathode ray tube）ディスプレイ，キーボードやプリンタなどコンピュータ用の入出力装置のほか，各種のアクチュエータ，スイッチ，センサ，リレーなどが用いられる。

[4] アドレスバス，データバス，コントロールバス

上記 [1]～[3] の要素を信号によって結ぶ役割をもつ。アドレスバス（address bus）はメモリ内の番地（address）あるいはI/Oポートの番号を指定する。データバス（data bus）はデータを転送するための信号線であり，コントロールバス（control bus）はCPUが各要素を制御するために使われる信号線である。データバスは，コンピュータのデータ処理能力に大きく関わっており，マイコンでは4ビット，8ビット，16ビット，32ビットなどのデータ形式がおもに使われている。

マイコンの動作は，プログラムを構成する命令（command）によってすべてが指示されており，その命令は順番にメモリ内に格納される。命令に基づくマイコンの進行過程は，① CPUによる一つの命令の読出し→② その命令の解読→③ 解読内容の実行，の順に進み，「終わり」という命令が読み込まれるまで①～③のプロセスを繰り返す。

これらの進行過程は，CPUに与えられるクロック信号（clock signal：規則的な周期のパルス信号）に従って行われ，1パルスごとにつぎの過程へと移る。したがって，クロック信号の周波数が大きいほど速い実行速度が得られる

（例えば10 MHzの周波数であれば，1秒間に1千万個のパルスによって動作する）。

1.6.3 マイコンのプログラムと言語

プログラムは，コンピュータに目的の仕事をさせるための手順を記したものであり，したがってその手順はコンピュータによって解読・理解できるものでなくてはならない。コンピュータが扱うことのできる信号は0か1かの2値信号のみであるから，プログラムもこの2値信号によって記されていなければならない。

このように0と1の組合せによって構成されたプログラム用の命令体系を機械語（machine language）という。すなわち，機械語はコンピュータが直接，理解・実行しうる言語である。通常のマイコンでは，数十から百数十種類の命令が用意されている。機械語はコンピュータのハードウェアと密接な関係がある。したがって機械語によってプログラムをつくる場合には，ハードウェアに関するある程度の予備知識が必要とされる。

一方，人間にとって使いやすいように開発されたFORTRAN, COBOL, C, BASICなどの高級言語（high-level language）がある。FORTRANは科学技術計算用，COBOLはビジネス計算用，Cはシステム記述用または汎用など，各使用目的に適した言語である。

これら高級言語によって書かれたプログラム（ソースプログラムという：source program）の実行に際しては，それを機械語に翻訳するプログラム（コンパイラ：compiler）によって，機械語のプログラム（オブジェクトプログラム：object program）に変換しなければならない。ただし，これらの高級言語中，BASICのみはインタプリタ（interpreter）形式という翻訳・処理の方法が用いられている。インタプリタ形式とは，プログラムの実行に際して，（コンピュータ自らが）1行単位で機械語に翻訳しながらただちに実行する形式のものである。したがってBASICで書かれたプログラムは，コンパイルの手順を必要とすることなく，直接，実行することができる。

マイコンを制御用に使用する場合のプログラム言語としては，多くの場合，アセンブリ言語（assembly language）が用いられる。機械語によって書かれた2進数表示の命令を，ニーモニック（mnemonic）と呼ばれる略式記号で表現したものがアセンブリ言語である。ニーモニックは，命令の内容を連想・記憶しやすいような数個の英文字（例えば，ADD）によって表現されている。アセンブリ言語で書かれたプログラム（すなわち，ソースプログラム）を機械語に変換するための翻訳プログラムをアセンブラ（assembler）という。

高級言語を用いた場合には，アセンブリ言語の場合に比べてプログラムの労力は少ない反面，コンパイル後のオブジェクトプログラムが大きな記憶容量を占有する。またプログラムの実行速度が遅くなるという点も重要な問題点である。一方，アセンブリ言語は，基本的には機械語（の各命令）と1対1に対応しているので，この言語によれば，マイコンの動作に直結してプログラムの記述をすることができる。これらの事情により，アセンブリ言語が制御用マイコンに広く利用されている。

1.6.4　マイコンとのインタフェース——A/D変換器とD/A変換器

マイコンが，センサやアクチュエータなどの外部機器との間で情報のやりとりをするためには，マイコンと外部機器とを結び付けるインタフェース（interface）が必要となる。外部機器は入力装置と出力装置に分けられるが，これら入出力装置とマイコンとの間では，使用される信号の特性やタイミングなどがたがいに異なるため，それらを調整したり変換する必要がある。この役割を担うのがインタフェースである。

その基本的な機能は，① 信号レベルの変換，② データの転送，ならびに③ 外部機器の制御をすることにあり，これら変換，転送，制御法に関する種々の方式や規格がある。

外部機器がアナログ式であるときのインタフェースは，**図1.18**中に示すようなA/D変換器（analog/digital converter）とD/A変換器（digital/analog converter）を使って行われる。

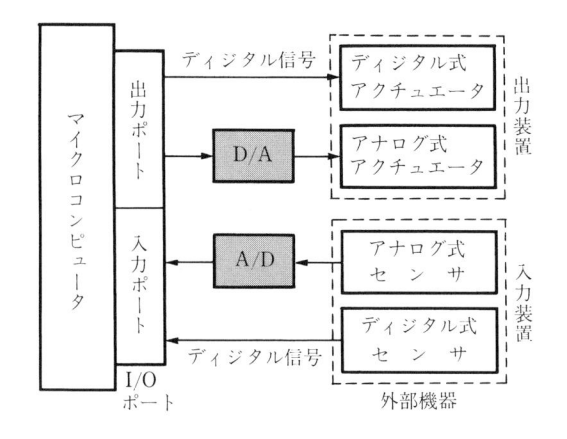

1.6 マイクロコンピュータ（マイコン）の活用

図1.18 マイコンとのインタフェース

図では，外部機器である入出力装置としてセンサとアクチュエータが用いられており，それぞれアナログ式とディジタル式の場合に対して示してある。アナログ式入力装置からのアナログ信号は，A/D変換器によってディジタル信号に変換した後，コンピュータに送られる。また，コンピュータの出力ポートからのディジタル信号は，D/A変換器によってアナログ信号に変換された後，アナログ式出力装置に送られる。

このような信号間の変換を実行するために，A/DおよびD/A変換器には，つぎのような機能が備わっている。

[1] A/D変換器の機能

(1) マイコンにおける命令の実行は，クロック周波数に基づいて離散時間的に行われる（すなわち，飛び飛びの時刻における信号だけを扱う）。したがって，コンピュータへの入力信号が，時間とともに連続的に変化する信号（連続時間的な信号）である場合には，これを離散時間的な信号に変換する（サンプリングする）必要がある。そのために，連続時間信号を，ある定まった周期Tの整数倍の時点 $t = nT$（$n = 0, 1, \cdots$）ごとにサンプリング（sampling）して出力する。この周期Tをサンプリング周期（sampling period）という。

(2) マイコンは，ある一定のビット数の数値のみを取り扱うのであるから，上記（1）によってサンプリングされたアナログ量は，同じビット数の数値（ディジタル量）に変換されなければならない。このような変換のことを量子化（quantization）とよぶ。

ビット数を4とするときの量子化の例を図1.19に示す。

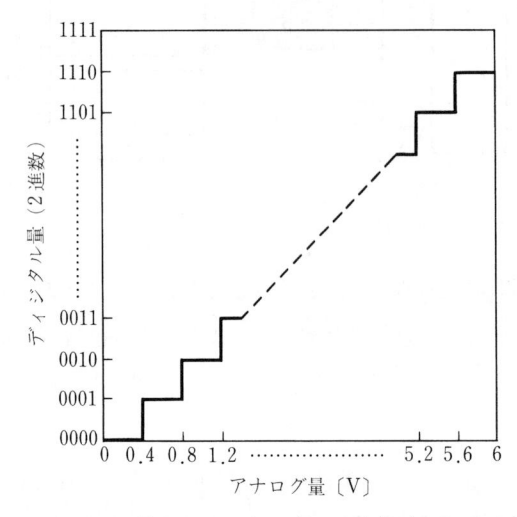

図1.19 アナログ量からディジタル量への変換（4ビットの場合）

図には，アナログ量を0～6V（ボルト）の電圧であるとして，これを2進数のディジタル値に量子化するときの様子が示されている。4ビットであるから，0～6Vの電圧は15等分（1ビットは6/15 = 0.4 V）され，これが2進数0000～1111に量子化されるわけである。図示のように，量子化に伴って誤差が生ずるが（これを量子化誤差という），これを減らすためには，ビット数を増せばよい。

以上のように，A/D変換器は，連続時間的なアナログ信号をまずサンプリングし，次いで量子化するという，二つの機能をもっている。

[2] **D/A 変換器の機能**

アナログ式のアクチュエータを駆動するためには，マイコンから出力される

離散時間的な信号は，連続時間的な信号に変換されなければならない．そのために，あるサンプリング時点で入力される数値をまず電圧に変換して，その電圧をつぎのサンプリング時点まで保持（ホールド：hold）しながら順次出力を繰り返す．

このように，サンプリング時点の値をつぎのサンプリング時点まで一定に保つように保持する機能のことを0次ホールド（zero-order hold），またその要素を0次ホールダ（zero-order holder）という．したがって，D/A変換器の機能は0次ホールダによって置き代えることができる．

1.6.5 ディジタル制御系の構成

通常のアナログ制御系（連続時間制御系）が**図1.20**に示すような構成であるのに対して，ディジタル制御系は**図1.21**に示すように構成される．図1.21の制御系は，アナログ式のアクチュエータをマイコンによって制御する場合である．図示のようにディジタル制御系では，D/A変換器とA/D変換器を結ぶ直線を境にして，離散時間ディジタル量と連続時間アナログ量とに信号が変化

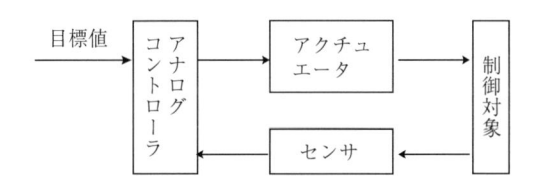

図1.20 アナログ制御系の構成

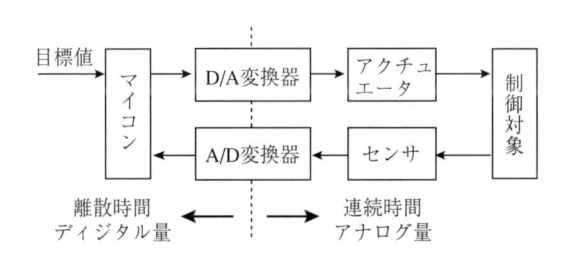

図1.21 ディジタル制御系の構成

する。

ディジタル制御系のブロック線図を図1.22に示す。図示のように，A/D変換器はサンプラによって，またD/A変換器はホールダによって表される。

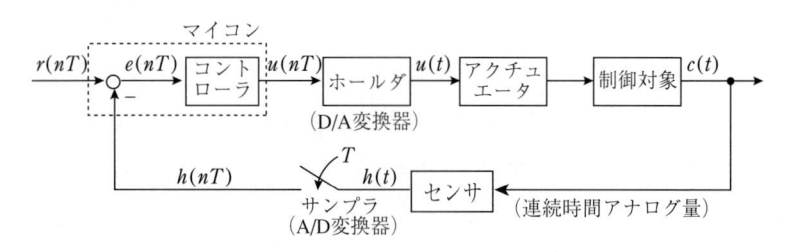

図1.22 ディジタル制御系のブロック線図

ディジタル制御系を構成するD/A変換器とA/D変換器としては，実際上は，12ビット以上のものが用いられる。たとえば12ビットのとき，$2^{12} = 4\,096$個のデータを扱うことができる。その精度は1/4 096，すなわち0.024％であり，したがって量子化誤差を微小として無視することができる。このような扱いが可能なとき，制御系におけるすべての信号をアナログ量とみなしうることから，たとえば，アナログ量のサンプル値 $h(nT)$ とこれをA/D変換した $h^*(nT)$ を区別する必要がなくなる。このとき，コントローラとしてのマイコンは，アナログ量のサンプル値を入力して，アナログ量のサンプル値出力を計算していると考えてよい。

演 習 問 題

【1】 図1.23に示すようなばね・質量・ダンパ系（ただし，m：負荷の質量，k：ばね定数，c：粘性減衰係数）において，変位yを入力，負荷変位xを出力とするときの伝達関数を求めよ。

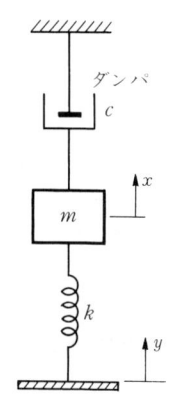

図 1.23 減衰のあるばね質量系

【2】 図1.5に示す$L \cdot R \cdot C$電気回路の場合，入力電圧uとコンデンサに蓄えられる電荷xとの関係は式（1.4）で表される。この式を式（1.5）のように変形したときの固有角周波数ω_nと減衰係数ζを求めよ。

2 アクチュエータ概論

2.1 アクチュエータの基本的な分類

2.1.1 アクチュエータとは

アクチュエータ（actuator）とは，各種のエネルギー源からパワーを得て，回転運動（rotational motion）や直進運動（translational motion または linear motion）などの機械的なエネルギーに変換する機器・要素であり，出力量として，物を動かすに必要な物理的な力や変位，速度などをもたらす。エネルギー源の違いによって，電動アクチュエータ，油圧アクチュエータ，空気圧アクチュエータおよびその他のアクチュエータに分類される。アクチュエータはサーボシステムの一構成要素であり，システム内の判断・調節部からの信号を受けて，制御対象に直接働きかけるための動作を行う。

メカトロニクス機器に使用されているアクチュエータの特徴は，エレクトロニクスすなわちコンピュータと組み合わされて用いられることが多いことである。コンピュータを用いることにより，複数のアクチュエータを知的に制御することができ，複雑なシステムを巧みに操作することも可能となる。これに伴って，ロボットに代表されるような，多数のアクチュエータを内蔵した機械システムや，ビデオ機器などにみられる微小な機構を，高速・高精度に制御することができるようになる。

人間をサーボシステムに例えれば，目・耳・皮膚・鼻・舌などの五感がセン

サに相当し，また頭脳がコンピュータに，手足がアクチュエータに相当する。アクチュエータとしての人間の手足の操作能力は，出力パワーが100 W以下，応答時間はたかだか0.1秒程度とされている。一方，人間に代わるアクチュエータの操作能力は，出力パワーが10 kW以上，応答時間は約0.1 ms以下，制御の変位精度は0.01 μm以下のものまで必要とされる。

センサとコンピュータが信号のみを扱うのに対して，アクチュエータはエネルギーをも扱う。エネルギー変換やパワーの制御をする機器・要素を一般にコンバータ（converter）というが，したがってこのコンバータもサーボシステムの構成要素であることが必要とされる。電気サーボモータ用の各種駆動回路，油空圧用の各種制御弁がこれに該当する。すなわちアクチュエータは，コンバータによって制御された電気または油空圧パワーを，機械的運動に変換する要素であるということができる。

なお，単なる動力用のアクチュエータとを区別するとき，制御用のそれをサーボアクチュエータというが，本書では，特に断らない限り後者のものを単にアクチュエータと呼ぶ。

2.1.2 アクチュエータの種類
[1] 電動アクチュエータ

電動アクチュエータは，パワー源として電源を用いて機械的運動を得るもので，回転運動形アクチュエータである電気モータ（electric motor）と，直進運動形の電気リニアモータ（electric linear motor）に大別される。ここに電気モータは，さらに，直流モータ（DC motor），交流モータ（AC motor），ステッピングモータ（stepping motor）に分類されるが，これらが，単なる動力用モータ（パワーモータ）としてではなく，制御用アクチュエータ（サーボモータ）として機能するためには，モータに対する要求に加えてつぎのような特性が必要とされる。

（1）頻繁な始動・停止や，急激な加速・減速，正転・逆転に対する耐久性を備えていること。

(2) トルクや回転数などの制御範囲が広いこと．
(3) 小形・軽量でメンテナンスが容易であり，振動の少ないこと．
(4) 高精度の制御ができ，速応性がよいこと．

そのために，回転子の慣性モーメントに対する発生トルクの比（トルク/慣性比という）を大きくするなど，設計上の考慮がなされている．したがってこれらは，電気モータと同じ原理によって作動するものであるが，機能上の違いを明確化するために，一般に，電気サーボモータと呼ばれている．この呼び方に伴って電気サーボモータは，直流サーボモータ，交流サーボモータ，ステッピングモータの3種類に分類され，それぞれ多様の形式のものが考案・実用化されている．

直進運動形アクチュエータである電気リニアモータを大別すると，リニア直流モータ，リニア誘導モータ，リニア同期モータ，リニアパルスモータの4種類に分けられる．これら電気リニアモータを電気モータと比較すると，直進運動をもたらすための構造上の違いはあるものの，その作動原理は，対応する各種電気モータのそれと基本的に同じであるとみなすことができる．これら電動アクチュエータの分類表を**表2.1**[1]に示す．

上記とは異なった分類法による電動アクチュエータとして，微小な（角）変位を駆動・制御するための微小駆動用アクチュエータがある．代表的なものとして，電磁ソレノイド（electro magnetic solenoid），トルクモータ（torque

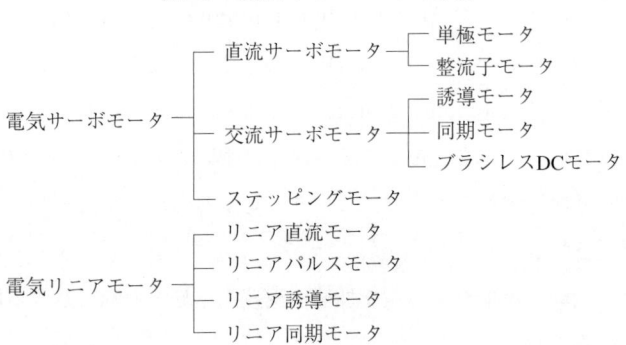

表2.1 電動アクチュエータの分類[1]

```
                    ┌─ 直流サーボモータ ─┬─ 単極モータ
                    │                    └─ 整流子モータ
                    │                    ┌─ 誘導モータ
電気サーボモータ ─┼─ 交流サーボモータ ─┼─ 同期モータ
                    │                    └─ ブラシレスDCモータ
                    └─ ステッピングモータ

                    ┌─ リニア直流モータ
電気リニアモータ ─┼─ リニアパルスモータ
                    ├─ リニア誘導モータ
                    └─ リニア同期モータ
```

motor), ムービングコイル (moving coil), などがあげられる。

[2] 油圧アクチュエータ

図 2.1 (a) に示すように，油圧源としての油圧ポンプ (hydraulic pump) は，機械的パワー (＝トルク×角速度) を流体的パワー (＝圧力×流量) に変える変換器であるが，これと逆の働きをする変換器が油圧アクチュエータ (hydraulic actuator) である (図 2.1 (b))。両者がこのような関係にあることから，構造上または分類上，油圧アクチュエータは油圧ポンプと多くの共通点をもつ。

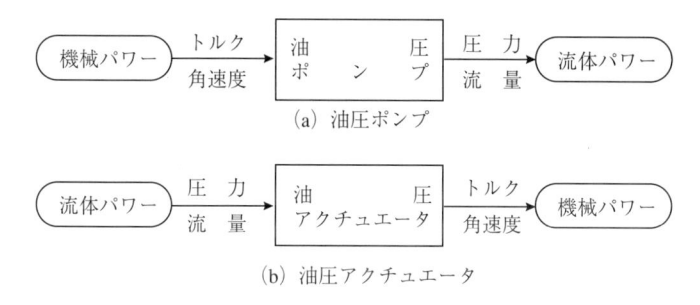

```
機械パワー ──トルク/角速度──▶ 油圧ポンプ ──圧力/流量──▶ 流体パワー
```
(a) 油圧ポンプ

```
流体パワー ──圧力/流量──▶ 油圧アクチュエータ ──トルク/角速度──▶ 機械パワー
```
(b) 油圧アクチュエータ

図 2.1 油圧ポンプと油圧アクチュエータにおけるパワー変換

油圧アクチュエータは，大別して，① 直線的な往復運動をする油圧シリンダ (hydraulic cylinder)，② 連続的な回転運動をする油圧モータ (hydraulic motor)，③ 限定された角度内の揺動 (首振り) 運動をする揺動形アクチュエータ (rotary actuator) に分類される。

[3] 空気圧アクチュエータ

空気圧アクチュエータ (pneumatic actuator) は，空気圧縮機 (air compressor) によって作りだされる空気圧をエネルギー源として使うもので，① 直線的な往復運動をする空気圧シリンダ (pneumatic cylinder)，② 連続的な回転運動をする空気圧モータ (pneumatic motor)，③ 揺動形空気圧アクチュエータ (pneumatic rotary actuator) に大別される。

[4] ニューアクチュエータ

近年，メカトロニクス機器がますます多機能化やマイクロ化を指向する状況

の中で,それを支えるアクチュエータはよりいっそう小形・軽量化,コンパクト化,高速化,フレキシブル化を図ることが求められている。このような状況を受けて,新しい駆動原理,新素材あるいは新機構によるアクチュエータが出現し,これらはニューアクチュエータ (new actuator。または新世代アクチュエータ) と呼ばれている。ニューアクチュエータには,熱エネルギー,化学エネルギー,光エネルギーなど,従来とは異なるエネルギーが活用されている。また電気エネルギーの場合,従来は電磁気現象を利用したアクチュエータが主流を占めてきたが,近年では,圧電/電歪現象,静電誘導あるいは磁歪現象などを利用したアクチュエータが出現した。

[5] マイクロアクチュエータ

各種ニューアクチュエータのうちで,圧電/電歪素子,高分子材料,形状記憶合金などを材料として,半導体製造プロセスのような微細加工技術を利用して製作されたマイクロマシン用の微小駆動用アクチュエータ (寸法は10 μm〜1 mm程度) をマイクロアクチュエータ (micro actuator) という。マイクロアクチュエータは,マイクロ化を目指すメカトロニクス技術の中枢を担うものであり,またニューアクチュエータの動向とも深い関わりを持つ。

2.2 各種アクチュエータの基本的作動原理

ここでは電動,油圧,空気圧アクチュエータの3種類のアクチュエータについて,それらの基本的な作動原理を対比的に述べる。このとき,電動アクチュエータとしては,その代表である電気サーボモータとステッピングモータおよび電気リニアモータを選ぶものとする。

2.2.1 電動アクチュエータ

直流サーボモータ,交流サーボモータ,ステッピングモータおよび電気リニアモータなどの電動アクチュエータは,一般の電気モータと同様,図2.2に示されるような電磁力によって回転力を得るという点では,その基本的な原理は

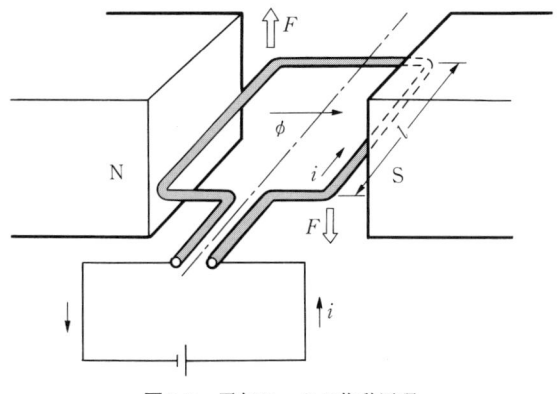

図2.2 電気モータの作動原理

いずれも同じである。図では説明の便宜上，磁界中に1回巻きのみのコイルをおき，これに電源を接続したときの様子が示されている。

磁石によってできる磁束 ϕ〔Wb〕の磁界中におかれたコイルに電流 i を流すと，コイルには，フレミングの左手の法則（Fleming's left-hand rule）に基づく力 F（電磁力）が発生する。すなわち，親指，人差し指，中指をたがいに直交させ，人差し指を磁束の向き（N→S），中指を電流の向きに一致させると，電流の流れる導体（コイル）に対して親指の方向に力が発生する。図の構成では，電流 i の方向が常に一方向であるため，コイルは図示の状態から時計方向に90°だけ回転するものの，引き続いて回転力（トルク：torque）を得ることはできない。このような電磁力をもとに，連続的なトルクを生ずるように工夫したものが電気モータであり，その具体的方式により，直流モータ，交流モータ，ステッピングモータに大別される。これら回転形のモータを直線方向に展開したものが電気リニアモータである。

図2.2において，コイルの有効長さを l〔m〕，磁束密度を B〔Wb/m²〕とすると，コイルに発生する力 F〔N〕は次式で表される。

$$F = Bli \tag{2.1}$$

また，回転中心からコイル線径の中心までの半径を r とすると，コイルに働くトルク τ〔N·m〕は次式となる。

$$\tau = Fr = Blir \tag{2.2}$$

図示のような永久磁石を用いたモータの構成法は，直流モータの場合に相当する。このとき，磁束密度Bは永久磁石の材質によって決まるので，上式はつぎのように表される。

$$\tau = k_t i \tag{2.3}$$

ただし，$k_t = Blr$ とおく。

すなわち，トルクは電流 i に比例する。ここに k_t をトルク定数という。

なお，図2.2において，外力によりコイルを F 方向に速度 V で移動させると（すなわち，磁界中で導体を動かすと），フレミングの右手の法則（Fleming's right-hand rule）に基づいて，コイルには誘導起電圧 e（逆起電力）が発生する（電磁誘導に関するFaradayの法則）。eの大きさは次式で与えられる。

$$e = BlV \tag{2.4}$$

交流モータに属する誘導モータ（induction motor）の回転原理は，**図2.3**[2)]に示されるアラゴ（Arago）の円板現象によって説明される。これは回転可能な導体円板に沿って磁石を動かすと，円板が磁石の移動につれて回転する現象である。

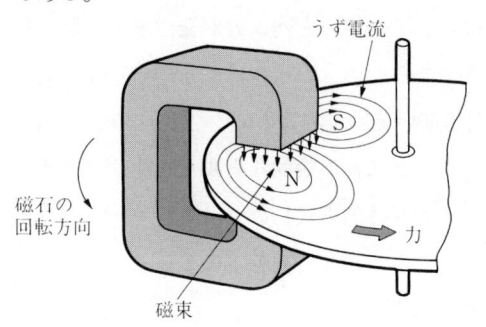

図2.3 アラゴの円板現象
（誘導モータの原理）[2)]

いま，磁石の下に円板をおくと，円板内には式（2.4）の誘導起電圧が発生してうず電流が流れる。このうず電流には，式（2.1）の力が働くので円板が回転する。実際の誘導モータでは，磁石を回転させる代わりに，電磁石によって回転磁界（rotating field）をつくる方法が用いられる。

2.2.2 油圧アクチュエータ

[1] 油圧シリンダ

油圧シリンダの作動原理図を**図2.4**に示す。いま，供給流量を q 〔m³/s〕，ピストンの有効受圧面積を A_p 〔m²〕とすれば，ピストンの動く速度 v 〔m/s〕は

$$v = \frac{q}{A_p} \tag{2.5}$$

で与えられ，この速度 v に伴って出力量であるピストン変位がもたらされる。このとき，供給流量 q を制御弁によって変化させれば，ピストン速度を制御することができる。

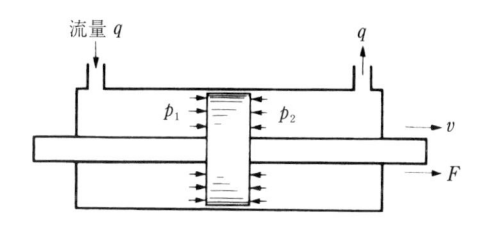

図2.4 油圧シリンダの作動原理

またピストンの両受圧面に働く圧力を p_1，p_2〔N/m²〕，その差圧を Δp (= $p_1 - p_2$) とすれば，ピストンが負荷を駆動する力 F〔N〕と油圧力との平衡は式 (2.6) で表される。

$$F = A_p(p_1 - p_2) = A_p \Delta p \tag{2.6}$$

式 (2.5)，(2.6) より，ピストンの出力パワー W〔N·m/s〕は次式で表される。

$$W = vF = \Delta p q = p_1 q - p_2 q \tag{2.7}$$

ただし，実際の油圧シリンダでは摺動部などのすきまから流れ出る漏れや，摩擦などによるパワー損失が存在するが，上式ではこれを無視している。式 (2.7) はつぎのことを意味している。

　　［負荷を駆動するに必要な機械的（直進）パワー：vF］
　　　　＝［供給される流体パワー：$p_1 q$］－［流出する流体パワー：$p_2 q$］

すなわち油圧シリンダは，流体パワーを機械的直進運動に変換する要素である。

[2] 油圧モータ

機械的運動を得る原理は油圧シリンダと同じであるが，ピストンに代わる回転機構が組み込まれている．図 2.5 は代表的な油圧モータであるベーン（羽根：vane）形油圧モータの原理的な模式図であるが，回転子（ロータ：rotor）に組み込まれたベーンに圧油を加えて回転運動を得る．

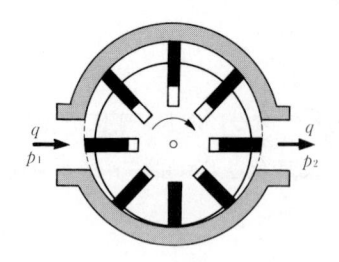

図 2.5 油圧モータの作動原理

いま，油圧モータへの供給流量を q，1 回転当りの押しのけ容積を V〔m³〕とすると，1 秒当りの回転数 n（$= \omega/2\pi$，ω は角速度）は式（2.8）で表される．

$$n = \frac{q}{V} \tag{2.8}$$

また，モータへの供給圧力を p_1，吐出圧力を p_2，その差圧を Δp とすれば，モータ出力軸に生ずるトルク τ〔N·m〕は式（2.9）で表される．

$$\tau = \frac{\Delta p V}{2\pi} = \frac{\Delta p q}{\omega} \tag{2.9}$$

式（2.9）は，1 回転の間に圧油がモータに与える仕事（$\Delta p V$）と出力軸から生ずる仕事（$2\pi\tau$）が等しい関係から導かれる．

このとき，モータの出力パワー W〔N·m/s〕は式（2.10）で表される．

$$W = \tau\omega = \Delta p q = p_1 q - p_2 q \tag{2.10}$$

式（2.10）は，基本的に式（2.7）と同形であり，油圧モータは，流体パワーを機械的回転運動に変換する要素であることを意味している．

2.2.3 空気圧アクチュエータ

空気圧アクチュエータは，油圧アクチュエータにおける油圧の代わりに空気

圧を用いたにすぎず，アクチュエータの構造，作動原理はまったく同じである。すなわち，空気圧駆動系では，油圧駆動系における油圧ポンプの代わりに，空気圧縮機（air compressor）により高圧空気を作り，その流れを制御弁で制御し空気圧アクチュエータにより必要とする機械的運動を得る。

空気圧アクチュエータは，図2.4や図2.5に示される油圧アクチュエータにおける作動流体を，空気に代えたものにほかならない。ただしその供給圧力としては，油圧における 2 MPa～35 MPa に対して，0.3 MPa～0.7 MPa の圧力を使用するのが通例である。

2.3　各種アクチュエータの特徴と性能

2.3.1 アクチュエータの選択と性能評価

電動式，油圧式および空気圧式アクチュエータを，発生パワーの点から概略的に比較するとつぎのようになる。電動アクチュエータの発生パワーは小から中程度であり，多くは回転運動形アクチュエータである。油圧式では，非常に大きなパワーが得られ，直進および回転運動とも容易である。空気圧式の発生パワーは比較的小さく，多くは直進形アクチュエータである。

このようにそれぞれの特徴を備えた各種アクチュエータのうち，どの方式を採用するかは，用途や機能をはじめとして，一般につぎのような点が考慮されねばならない。

(1) 静特性と動特性
(2) 効率，操作性，信頼性，大きさ，重量，価格，ランニングコスト
(3) 保守性，耐環境性，騒音・振動，汚染，安全性

なお，静特性（static characteristics）とは，時間的な変動を無視しうるときの入力信号と出力信号の関係曲線をいい，これによって感度（sensibility）や直線性（linearity）を評価する。

　例題 2.1　　入力信号 x と出力信号 y との静的な関係が $y = kx$ で表される特性を線形（linear）な静特性というが，一般の機器・要素では（厳密には）

このような特性とはならずに，非線形（nonlinear）となる。代表的な非線形の静特性を例示し，その特性を図示せよ。

【解答】代表的な非線形特性としては，(a) 不感帯（dead zone），(b) 飽和帯（saturated zone），(c) ヒステリシス（hysteresis），(d) 理想リレー（ideal relay）などがある。それらの特性を図示すれば図2.6のようになる。

(a) 不感帯　　(b) 飽和帯　　(c) ヒステリシス　　(d) 理想リレー

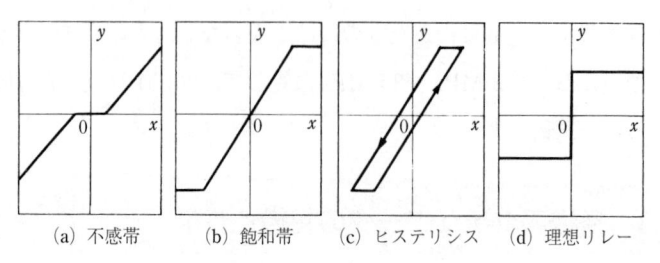

図2.6　代表的な非線形特性（静特性）

【例題 2.2】　2個の歯車を組み合わせた駆動系において，歯の噛み合い部にバックラッシュ（backlash：がた）が存在するとき，その入出力間の静特性はヒステリシス特性となる。バックラッシュの機械的な物理モデルを考えながら，その静特性がヒステリシス特性となることを確認せよ。

【解答】バックラッシュの機械的な物理モデルは図2.7 (a) のように表すことができる。図示の状態は中立点に相当し，その左右に大きさ$b/2$のバックラッシュが存在する。

入力側の変位xを横軸に，また出力側の変位yを縦軸に取って特性を示せば，図2.7

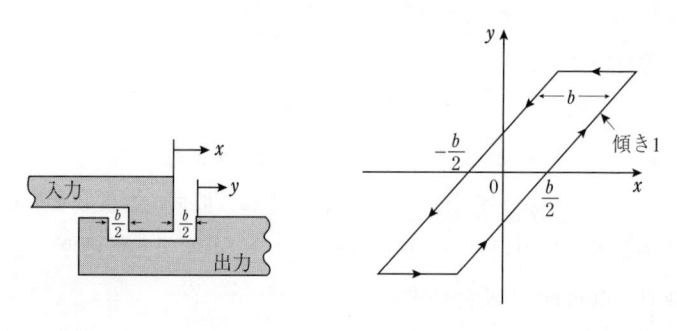

(a) バックラッシュの物理モデル　　(b) バックラッシュの静特性

図2.7　バックラッシュの物理モデルと静特性

(b)のようなヒステリシス特性が得られる。

アクチュエータに関する上記の考慮点のうち，静特性と動特性はアクチュエータの性能を直接に左右するものであり，特につぎの特性が重要となる。
 (1) 速応性がよいこと。
 (2) 制御要素としての線形性に優れていること。
 (3) 必要とされる制御精度，分解能をもっていること。
 (4) 慣性が小さく，発生力または発生トルクが大きく，またその変動が少ないこと。

これらの性能を比較・評価するために，おもにつぎのような尺度が用いられる。
 (1) 力/質量比（force-mass ratio）：アクチュエータ可動部の質量に対する発生力の比（直進運動形アクチュエータに対する速応性の尺度）。
 (2) トルク/慣性比（torque-inertia ratio）：モータの回転子の慣性モーメントに対する発生トルクの比（回転運動形アクチュエータに対する速応性の尺度）。
 (3) パワー密度（power density）：アクチュエータの単位質量当りの発生パワー（小形・軽量化への尺度）。
 (4) 応答周波数（限界周波数ともいう：critical frequency）：正弦波入力に対して追従が保証される振動数の限界。この値が大きいほど高い周波数に追従できることから速応性の尺度となる。
 (5) パワーレート（power rate）：電気モータなどの回転形アクチュエータの速応性を表す尺度であり，負荷を加速，減速するために許容できるパワーを表す。回転子の慣性モーメントを J，モータの発生トルクを τ とすると，パワーレート P_r は $P_r = \tau^2/J$ で表される。力学量としては，P_r はトルク τ と角加速度 α の積を取っており，したがってその単位は，単位時間当りのパワー〔W/s〕で表される。

電動式，油圧式，空気圧式の3種類のアクチュエータについて，それらの性

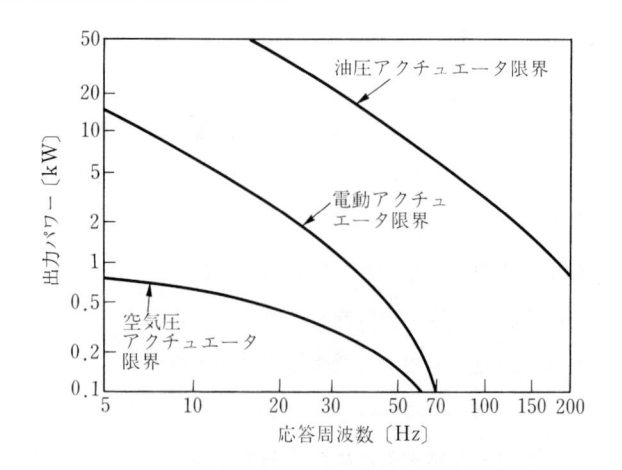

図2.8 各種アクチュエータの性能領域[3]

能を応答周波数と出力パワーによって概略的に比較すると**図2.8**[3]のように示される。図に示される各限界曲線以下の範囲が適用可能な領域である。

2.3.2 各種アクチュエータの特徴

電動式，油圧式，空気圧式アクチュエータについて，それらの特徴を，まず概略的に比較すると**表2.2**[3]のように示される。これらアクチュエータの長所と短所を比較すると，おもにつぎの点があげられる。

表2.2 各種アクチュエータの特性比較[3]

	電動式	油圧式	空気圧式		電動式	油圧式	空気圧式
力/質量比	C	A	B	信 頼 性	A	B	B
力/容積比	C	A	B	防 爆 性	B'	B	A
応 答 性	B	A	C	購 入 価 格	B	C	A
作 業 速 度	C	B	A	ランニングコスト	A	C	B
制御のしやすさ	A	B	B'	[注] A：最良，B：普通，C：悪い，B'：とCの中間，作業速度は無負荷時の最高速度			
保 守 性	A	C	B				
CPUとの接続	A	B	B				

[1] 電動アクチュエータ

電動アクチュエータのおもな特徴としてはつぎのような点があげられる。

【長所】
(1) 動力源は電源から直接に得ることができる。
(2) 制御性：位置，速度，力の制御が容易である。
(3) 耐環境性，保守性，信頼性がよい。
(4) エレクトロニクスまたはコンピュータとの融合化が図られやすい。

【短所】
(1) モータから回転や直線運動を得るためには減速歯車やボールねじなどの運動伝達・変換機構を必要とする。
(2) 負荷の影響を受けやすく（過負荷に弱い），また作業速度が遅い。
(3) 油圧式に比べ，大パワーを得るのが困難である。

[2] 油圧アクチュエータ

電動アクチュエータと比較したときの油圧アクチュエータのおもな特徴としてはつぎの点があげられる。

【長所】
(1) 高圧化が容易であることから大きなパワーが出せる。
(2) 力/質量比，トルク/慣性比ともに大きく，高速応答が可能である。
(3) パワー密度が大きく，小形化が可能である。
(4) 制御性：システムの剛性が高いため，高精度の位置・速度制御が可能である。無段変速も可能。
(5) 内燃機関動力とのインタフェースが良好である（自動車への適用が容易）。

【短所】
(1) 作動油の温度や汚染の管理を必要とするなど，保守に難点がある。
(2) 通常の作動油を用いた場合，油漏れによる火災の危険がある。
(3) 油圧源や配管などの付帯設備を必要とし，かなり大きなスペースを占める。

(4) 油温による粘度の変化によって動作特性が影響を受ける。

[3] 空気圧アクチュエータ

油圧アクチュエータと比較したときの空気圧アクチュエータのおもな特徴としてはつぎのような点があげられる。

【長所】
(1) 空気の圧縮性を利用することにより，力制御やコンプライアンス制御が容易となる。
(2) 空気漏れに伴う火災や環境汚染の心配がない。
(3) システムの構成が簡単で，操作性もよく，大きな作業速度が得られる。
(4) 機器がコンパクトであり，設備費が安価である。

【短所】
(1) 制御性：空気の圧縮性のためシステムの剛性が低く，高精度の位置決めや速度制御が難しい。また圧力の伝達に遅れが生ずる。
(2) 応答性が悪く，またスティックスリップ†（stick-slip）を発生しやすい。
(3) エネルギー効率が悪い。
(4) 空気そのものは潤滑性をもたないため，通常，潤滑のための給油を必要とする。

2.4 アクチュエータのための運動伝達・変換機構

アクチュエータのための運動伝達・変換機構とは，アクチュエータと駆動負荷との間に介在しながら，減速しつつ動力を伝達したり，回転運動を直進運動に変換するなどの役割を負う機械的な付加機構をさす。代表的な付加機構としては，減速歯車列（reduction gear train）機構・遊星歯車機構・ハーモニックドライブ（harmonic drive）などの減速機構，ボールねじ（ball screw）・すべりねじ（sliding screw）・ローラねじ（roller screw）・静圧ねじ（hydro-

---

† スティックスリップ：シリンダやモータを低速度で駆動するときに発生する不安定現象の一種で，摺動部における摩擦特性に起因して生ずる。

static screw）などの送り機構，ラック・ピニオン（rack and pinion）機構，プーリ・ベルト（pulley belt）機構などがある。これら付加機構との組合せによって，アクチュエータは種々の特徴を発揮することも多い。

　一般に電気サーボモータの出力は，高速ではあるがトルクが小さいため，これによって直接に大きな負荷を駆動することができない。このとき，減速歯車列などの減速機構を用いれば，減速率に応じてトルクの増大が図られ，目的を果たしうる（ただし，強力なサーボモータを用いて，減速機構を介することなく，直接に駆動する方式もある。この方式はダイレクトドライブ（direct drive）方式と呼ばれ，近年，実用化の段階に入っている）。また回転モータによって，直進形の負荷を駆動するためにはボールねじなどの送り機構を必要とする。

　図2.9は，サーボモータが減速歯車列を介して回転負荷に接続されている場合を示す。ここに，J_1, J_2をモータと負荷の慣性モーメント，θ_1, θ_2をモータと負荷の回転角，τ_1をモータの発生トルク，τ_1', τ_2を歯車列への入力トルクと伝達トルク，i ($= z_2/z_1$) を歯数比（$= r_2/r_1$：半径比）とする。また，簡単のため，歯車の慣性モーメントは無視できるものとする。このとき，まず歯車列に関する基礎的な関係式として次式が成り立つ。

$$\frac{\tau_1'}{\tau_2} = \frac{\theta_2}{\theta_1} = \frac{z_1}{z_2} = \frac{r_1}{r_2} = \frac{1}{i} \tag{2.11}$$

つぎに，モータと負荷の各運動方程式として式 (2.12)，(2.13) が成り立つ。

$$\tau_1 = J_1 \frac{d^2\theta_1}{dt^2} + \tau_1' \tag{2.12}$$

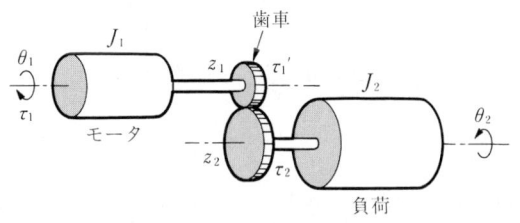

図2.9　モータ・歯車列・負荷系

$$\tau_2 = J_2 \frac{d^2\theta_2}{dt^2} \tag{2.13}$$

さらに θ_1 と θ_2 の関係式 ($\theta_1 = i\theta_2$) および $\tau_2 = i\tau_1'$ を考慮して式 (2,12), (2.13) を変形すれば,式 (2.14) が得られる.

$$\tau_1 = \left(J_1 + \frac{J_2}{i^2}\right)\frac{d^2\theta_1}{dt^2} \tag{2.14}$$

上式によればつぎのことがわかる.歯車列を介した負荷 J_2 をモータ軸側で評価するには,J_2 に $1/i^2$ を掛けて加えればよい.したがって,$i>1$ の減速歯車列を設けることによって,負荷 J_2 の慣性効果を(歯車列のない $i=1$ のときに比して),J_2/i^2 に減らすことができる.

ただし実際には,モータの出しうる速度の上限や歯車列自体の慣性モーメントが存在するため,歯車比 i はある大きさ以下に制限される.したがって,さらに大きな減速比が必要とされるときには多段の歯車列を使用せねばならない.

つぎに代表的な送りねじ機構であるボールねじを考える.**図2.10**はボールねじ機構の模式的な作動原理図であり,ねじ軸の回転運動がテーブルの直線運動に変換される様子が示されている.

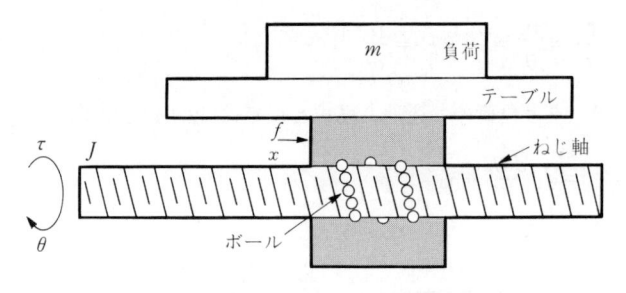

図2.10 ボールねじ機構

いま,ねじ軸に加えられる(モータからの)トルクを τ,回転角を θ とし,ねじのピッチ(1回転当りの進み量)を p とする.またねじ軸がテーブルを駆動するに要するトルクを τ',それが直線方向(x 方向)に変換されたときの力

2.4 アクチュエータのための運動伝達・変換機構

をfとする。テーブルを含む負荷の質量がmであるすれば，つぎの関係式が成り立つ。

$$\tau = J\frac{d^2\theta}{dt^2} + \tau' \tag{2.15}$$

$$f = i\tau' \tag{2.16}$$

$$f = m\frac{d^2x}{dt^2} \tag{2.17}$$

ただし，$i = 2\pi/p$とおいた。θとxの関係式（$\theta = ix$）を考慮して上の3式を変形すれば，次式が得られる。

$$\tau = \left(J + \frac{1}{i^2}m\right)\frac{d^2\theta}{dt^2} \tag{2.18}$$

上式は式（2.14）と同形であり，したがってボールねじ機構の変換機能は基本的に減速歯車列と同じであることがわかる。これらの機能は**図2.11**に示されるようなプーリベルト機構やラックピニオン機構においても基本的に同じである。

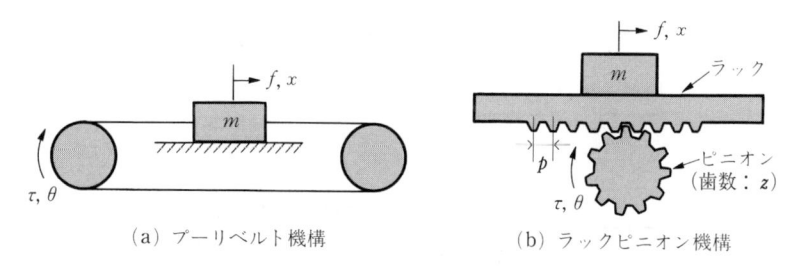

図2.11 プーリベルト機構とラックピニオン機構

なお，図2.10中に示されるテーブルを実際に駆動するためには，それを案内するための案内用要素を必要とする。代表的な案内用要素としては，ころがり軸受，ころがり案内面，すべり案内面，静圧案内面（油圧式または空気圧式），磁気案内面などがある。

2.5 アクチュエータによる位置決め制御

ロボットをはじめNC工作機械などにおけるサーボシステムでは，多くの場合，位置決め制御が行われる。一般に位置決めの方式にはPTP（point to point）方式とCP（continuous path）方式の2種類がある。PTP方式とは，移動物体の途中の経路にかかわることなく，2点（始点と終点）間の最短経路を経て目標値に到達させる方式である。CP方式とは，ある移動軌跡に沿わせながら物体を目標値に到達させる方式（軌道制御ともいう）であり，通常のサーボシステムではこの方式が必要とされる。

CP方式による位置決め制御は，選択されるアクチュエータの種類により，電気サーボ，油圧サーボ，空気圧サーボの各サーボシステムによって実現される。これらのサーボシステムは，機能や要求精度などに応じて，なんらかのフィードバックループを施した閉ループ制御系によって構成されるのが通常であ

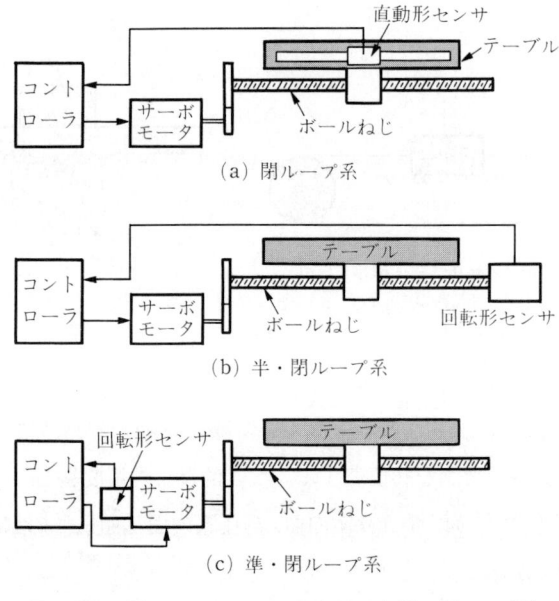

(a) 閉ループ系

(b) 半・閉ループ系

(c) 準・閉ループ系

図2.12 電気サーボシステムにおける各種の閉ループ系

る。送りねじなどの伝達機構が付随する電気サーボシステムでは，フィードバックループの施し方により，**図2.12** (a)，(b)，(c) に示すような三つの制御方式が用いられる。

[1] 閉ループ系 (closed loop system) 〔図2.12 (a)〕

制御量であるテーブルの位置を直接検出してフィードバックする方式であり，最も高い制御精度が得られる。一方この方式は，歯車系送りねじのバックラッシュ（がた：backlash），運動部の剛性や慣性力などもフィードバックループに含まれるため，（機械的な）共振を生じやすく，安定性の確保に関する対策を必要とする。

[2] 半・閉ループ系 (semi-closed loop system) 〔図2.12 (b)〕

テーブル位置の代わりに，運動変換機構（ボールねじ機構）の移動量をフィードバックする方式である。閉ループ系に比べて，精度はやや劣る反面，運動部分の機械剛性やバックラッシュなどがフィードバックループに含まれないので安定性に優れている。

[3] 準・閉ループ系 (quasi-closed loop system) 〔図2.12 (c)〕

最も単純な制御方式で，サーボモータの回転角をフィードバック信号に用いる。安定性や構成のしやすさでは最も優れているが，運動変換機構や負荷に存在する誤差要因を無視することになるので制御精度は最も悪くなる。

なお，ステッピングモータをアクチュエータに用いる場合には，出力回転角度が入力パルスの数に比例するという特長をいかして，開ループ制御方式が可能となる。

上記の [1]，[2] などの制御方式を用いて，位置決め制御を精密・高速に行うための装置として X-Y テーブルがある。X-Y テーブルは，電気サーボモータ，精密ボールねじ，直進運動案内用要素を各2個ずつ組合せて一体化した直進運動形アクチュエータであり，直交する2軸（X, Y軸）方向の同時的な位置決めに使用される。**図2.13**[5] に X-Y テーブルの模式図を示す。

精密かつ高速の位置決めが求められる X-Y テーブルでは，種々の要因によってもたらされる誤差が重要視される。その誤差は，運動方向に関するつぎの

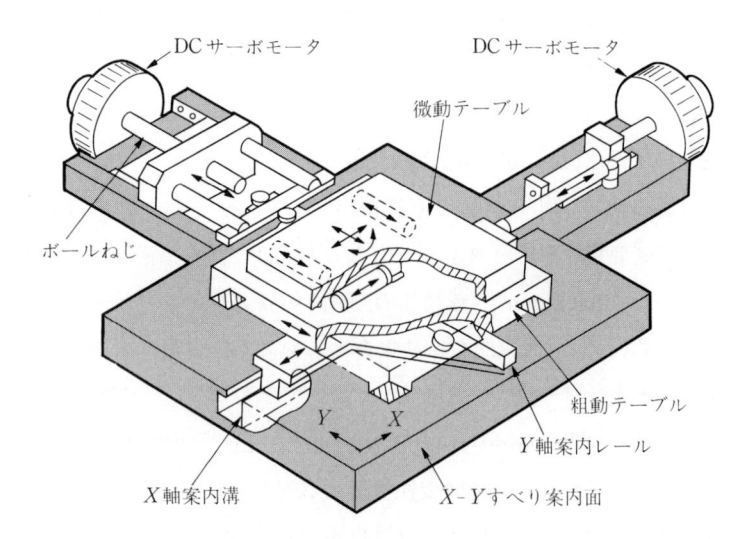

図2.13 X-Yテーブル[5]

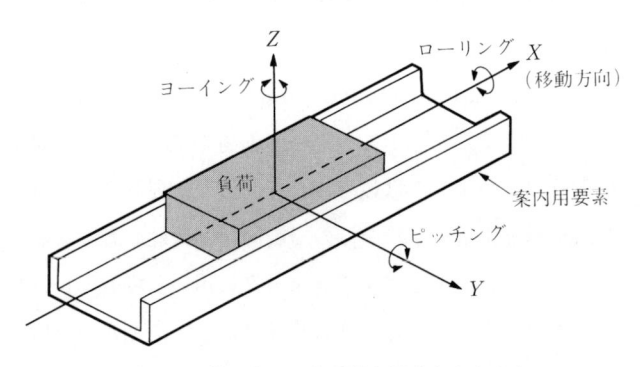

図2.14 位置決めの移動軸と運動方向成分[5]

六つの成分（**図2.14**[5]中に示す）に対して考慮する必要がある。

例えば，移動方向がX軸方向である場合，

(1) 移動方向（サージング：surging）
(2) Y軸方向の移動（水平方向シフト：スウェイング：swaying）
(3) Z軸方向の移動（上下方向シフト：ヒービング：heaving）
(4) 移動軸（X軸）まわりの回転（ローリング：rolling）
(5) Y軸まわりの回転（ピッチング：pitching）

(6) Z軸まわりの回転(ヨーイング:yawing)

　誤差をもたらす要因としては,ボールねじ精度や加工精度などの機械的要因,制御方式などの制御システムに起因する要因,発生熱や振動などの環境的要因,などがある.

演習問題

【1】 動力用の電気モータと,制御用の電気サーボモータについて,その機能上の特徴を比較せよ.

【2】 図2.11 (b) に示されるラック・ピニオン機構において,ピニオンの回転角 θ を入力,ラック部の変位 x を出力とするときの変換比 ($x = i\theta$) が次式で表されることを証明せよ.ただし,歯車のピッチを p,ピニオンの歯数を z とする.

$$x = \frac{zp}{2\pi}\theta$$

【3】 図2.11 (b) に示されるラック・ピニオン機構において,ピニオンへの入力トルクを τ,回転角を θ とし,またラック部の総質量を m,変位を x とするとき,式 (2.18)(ボールねじ機構の関係式)に相当する関係式を求めよ.ただし,θ と x の変換比を $\theta = ix$ とする.

【4】 図2.12に示される運動方向成分を参照しながら,自動車の走行時におけるローリング,ピッチングおよびヨーイングとはどのような動作をいうのか,考えよ.

電動アクチュエータ

3.1 微小駆動用電動アクチュエータ

　各種メカトロニクス機器の小形・軽量化にとって，微小な機械的直進変位または角変位をもたらす微小駆動用電動アクチュエータは欠くことのできない電気—機械インタフェースである。本節では，代表的な微小駆動用電動アクチュエータとして，電磁ソレノイド，トルクモータ，可動コイルを取り上げる。

3.1.1 電磁ソレノイド
[1] 電磁ソレノイドとは

　電磁ソレノイド（electro magnetic solenoid：単にソレノイドともいう）は，電磁エネルギーを機械的直進運動に変換する電磁石式のアクチュエータであり，つぎのように定義されている。

　【定義】交流または直流の磁励コイルに通電し，可動鉄心を動かすことにより，電磁エネルギーを機械的直進運動に変換するプランジャ（plunger）形の電磁石。

　その基本構成は図3.1 (a)，(b) のように表され[1]，交流または直流の励磁コイルに通電して可動鉄心（これをプランジャとして用いる）を動かす。使用する電源によって，交流形（ACソレノイド）と直流形（DCソレノイド）が

(a) (b)

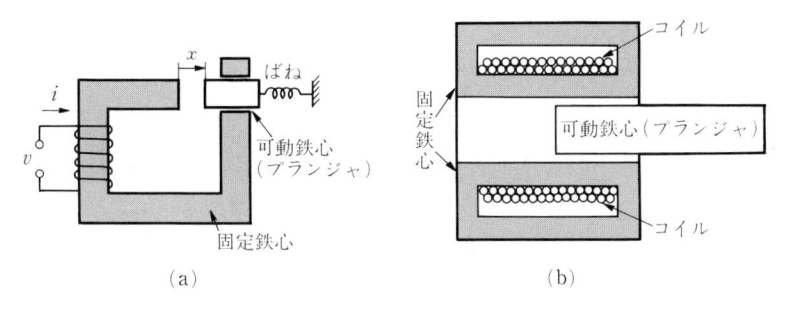

図3.1 電磁ソレノイド

ある。

また，用途によって，① オンオフ制御形（入力電流 i をオンオフ信号で与える2値操作形）と，② プランジャの変位 x を入力電流 i によって連続的に制御するアナログ形，の2種類がある。1個の電磁ソレノイドによる単独形（プル形またはプッシュ形）のほか，2個を対向させたプッシュプル（push-pull：押し-引き）形としての使用法がある。電磁ソレノイドは小形，構造が簡単，応答性が速い，耐久性に富むなどの特長から，例えば，自動車の燃料噴射弁，油空圧用電磁切換え弁など多方面に適用されている。

[2] ACソレノイドとDCソレノイド

ACソレノイドとDCソレノイドを比較すると，それぞれつぎのような特徴がある。

(1) ACソレノイドは高速性の点ではDC形よりも優れているが，アナログ的な使用に不向きなため，おもにオンオフ制御用として使用される。また，交流による鉄損（ヒステリシス損失とうず電流損失）が存在し，発熱の原因となる。

　　構造的には，鉄損を防止する必要上，電気抵抗の大きい鋼板を積み重ねて鉄心とプランジャをつくるため，DC形に比べてやや大形かつ複雑となる。

(2) DCソレノイドは鉄損に対する考慮を要しないので，鉄心，プランジャともムクの軟鉄材料で作られる。

[3] 吸引力特性

図3.1（a）の電磁ソレノイドに対して，磁気力 F とプランジャ変位 x の関係を調べてみよう。

ここに，i：駆動電流〔A〕，x：プランジャ変位（空隙長さ）〔m〕，S：鉄心の断面積〔m^2〕，N：コイルの巻数，l：磁性体の磁路長さ〔m〕，μ：磁性体の透磁率〔H/m〕，μ_0：空気の透磁率〔H/m〕，ϕ：磁束〔Wb〕，R：磁気抵抗〔H^{-1}〕とする。

まず図示の磁気回路に対して，磁束（回路断面を通る磁力線の総数）ϕは次式によって与えられる[1]。

$$\phi = \frac{Ni}{R_1 + R_2} = \frac{U}{R} \tag{3.1}$$

ただし，

$$R_1 = \frac{l}{\mu S}, \qquad R_2 = \frac{x}{\mu_0 S} \tag{3.2}$$

ここに，$U = Ni$ を起磁力，$R = R_1 + R_2$ を磁気抵抗と定義するものとすれば，磁気回路と電気回路に関する**表3.1**のようなアナロジー（analogy：相似則と訳すが，ここでは単なる対応関係の意と解してよい）が成り立つ[1]。

表3.1 磁気回路と電気回路とのアナロジー[1]

磁気回路	電気回路
起磁力　U	起電力（電圧）
磁束　ϕ	電流
磁気抵抗　R	電気抵抗

磁気抵抗 R の逆数はパーミアンス（permeance）と呼ばれており，これを p とおく。電気回路におけるコンダクタンス（電気伝導度：conductance）とのアナロジーを用いれば，パーミアンス p は，磁性体の透磁率 μ（導線の電気伝導度に相当する），磁路の長さ l_0（導線の長さに相当），磁路の断面積 S（導線の断面積に相当）によってつぎのように表される。

$$p = \frac{1}{R} = \frac{\mu S}{l_0} \tag{3.3}$$

上式の関係を用いれば，コイルのインダクタンス（inductance）Lは次式で表される．

$$L = \frac{\mu N^2 S}{l_0} = N^2 p \tag{3.4}$$

さて，電流 i が流れているコイルに蓄えられる磁気エネルギー W の関係式（$W = Li^2/2$）に，上式の関係を代入すれば次式が得られる．

$$W = \frac{pN^2 i^2}{2} \tag{3.5}$$

磁気力Fは，磁気エネルギーWをプランジャ変位（ギャップ）xで微分した関係で与えられる．すなわち，

$$F = \frac{N^2 i^2}{2} \frac{dp}{dx} \tag{3.6}$$

上式の p（$= 1/R$, ここに $R = R_1 + R_2$）に，式（3.2）を代入して x で微分すれば，結局Fは次式で表される．

$$F = -\frac{SN^2 i^2}{2\mu_0 (l/\mu + x/\mu_0)^2} = -F_c \tag{3.7}$$

上式中の負の符号は，力 F が x と逆方向（すなわち吸引力であり，これをF_cとおく）であることを意味している．

式（3.7）によれば，吸引力 F_c は変位 x の2乗に反比例することから，長い距離の制御には不向きとなることがわかる．吸引力 F_c とプランジャ変位 x と

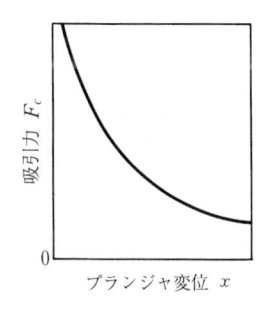

図3.2 電磁ソレノイドの吸引力・変位特性

の関係曲線を**図3.2**に示す．このような特性をもつ電磁ソレノイドは，おもにオンオフ制御用に使用されることから，オンオフソレノイドとも呼ばれている．

図3.3に，プッシュプル形ソレノイド駆動による油圧用電磁切換弁を示す．図は，二つのソレノイドa，bがともに通電されていない状態（すなわち，弁の中立位置）を示しており，このとき弁に流入するPポートからの供給油は，通路を断たれている（したがって出力ポートA，Bから圧油は流出しない）．

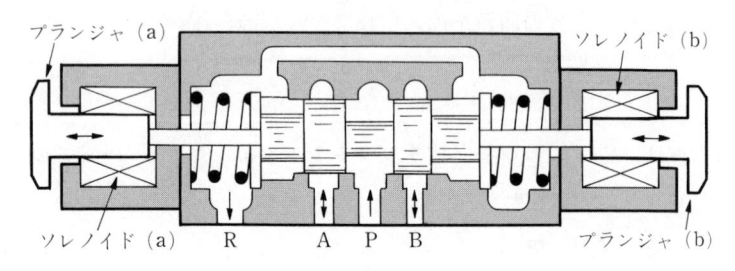

図3.3 ソレノイド駆動による油圧用切換弁

いま，例えばソレノイドaに電流を流すと，プランジャaが右側に変位し，これに伴ってPポートとBポートがつながり，Bポートから圧油が流出する．通常，出力ポートA，Bは，配管を介して油圧シリンダの二つの室（シリンダチャンバ）にそれぞれ接続されており，したがってBポートからの圧油によりピストンを左側に移動させることができる．同様にして，ソレノイドbに電流を流せば，ピストンは右側に移動する．

電磁ソレノイドが上記のように利用されることを考慮すると，その性能に関して，つぎのような点が重要となる．

(1) プランジャの切換時間：プランジャが動き始めてから所定の位置まで達するに要する時間をいう．約100 ms以上の切換時間のものが，中・低速用として，また約5 ms以下のものが高速用として用いられている．

(2) 応答に関するむだ時間 (dead time, time lag)：ソレノイドに通電してからプランジャが動き始めるまでの時間をいう（逆に，通電を断った場合についても同様なむだ時間が存在する）．むだ時間よりも小さな幅の（電

気的）パルス入力を与えても，プランジャは微動だにしないわけだから，このむだ時間を極力小さく抑える必要がある。

[4] 比例電磁ソレノイド

図3.2に示されるような非線形特性は，オンオフ制御に対してはさほど妨げにならないが，駆動電流によってプランジャの位置 x を（連続的に）制御しようとするとき問題になる。そこで，磁気回路に工夫を取り入れて，電流 i と吸引力 F_c がほぼ比例するように改善したものが開発されている。これは比例電磁ソレノイドと呼ばれており，多くの場合，DCソレノイドが使われる。その構造概略図を**図3.4**[2)] に示す。

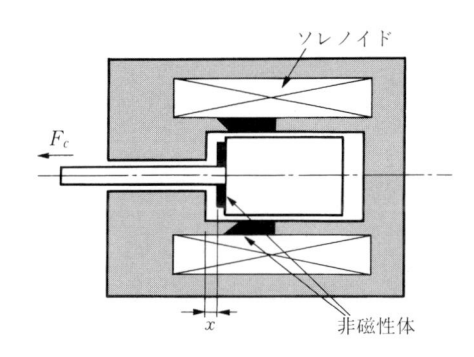

図3.4 比例電磁ソレノイド[2)]

図示の電磁ソレノイドは，変位 x の小さな領域で磁気漏えいさせることにより，電流 i と吸引力 F_c とが比例するように工夫したものである。そのために，プランジャ・ガイドの端面にテーパを付けている。またプランジャに，非磁性体のスペーサを入れてストロークを制限している。これによれば，**図3.5** (a), (b)[2)] に示すような特性が得られる。

図3.5 (a) はプランジャ変位 x と吸引力 F_c の特性であり，変位 x が x_0 以下の領域（制御領域）においては，F_c が電流 i に対してほぼ比例的に増大する様子を示している。すなわち，制御領域内においては，プランジャの位置に無関係に，電流と電磁力をほぼ比例させることができる。

図3.5 (b) は，制御領域内における実測結果の一例で，電流 i と吸引力 F_c の関係が示されている。図によれば，若干のヒステリシスが存在するものの，

(a) 吸引力-変位特性

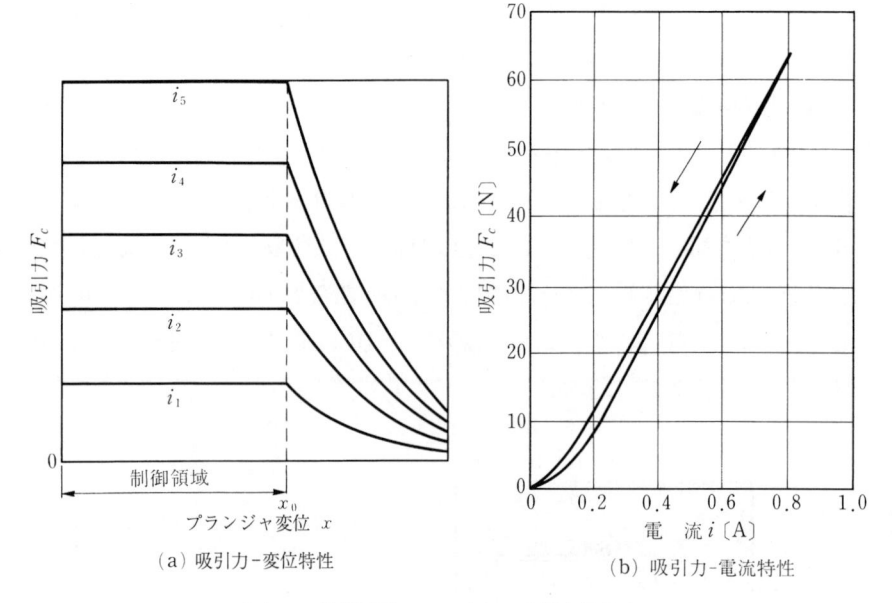

(b) 吸引力-電流特性

図3.5 比例電磁ソレノイドの吸引力特性[2]

電流によって吸引力をほぼ比例的に制御しうることがわかる。なお，この場合，電磁力とばね力を平衡させる構成にすれば，電流の大きさに応じてプランジャの位置を比例的に変化させることができる。

3.1.2 トルクモータ

コイルへの駆動電流を，電機子（armature）の微小な角変位または直線変位に変換するもので，角変位形（回転形）のモータをトルクモータ（torque motor），直進変位形のモータをフォースモータ（force motor）という。トルクモータは**図3.6**のような構造をしており，おもに永久磁石，コイル，電機子から構成される。図示のトルクモータは，電機子とフラッパ（flapper）が一体となっている構造のもので，駆動電流にほぼ比例してフラッパが変位し，これによってノズル（nozzle）内の背圧 p_a, p_b を制御しようとするものである（ノズルフラッパ機構の作動原理については図4.19参照）。

つぎにこのモータの作動原理を述べる。図示のような磁気回路では，まず永

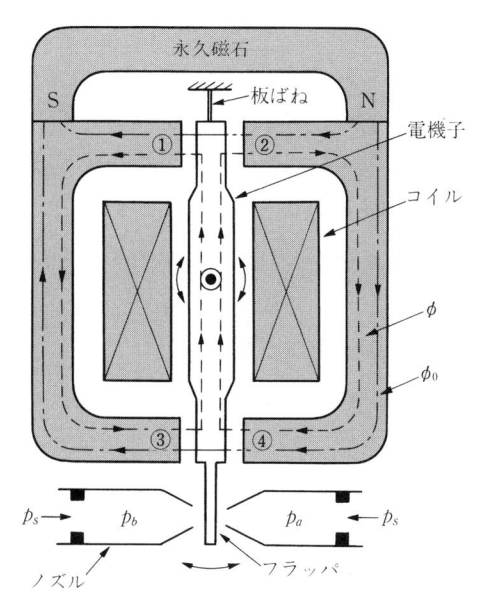

図3.6 トルクモータの作動原理

久磁石の存在により，1点鎖線で表されるような磁束 ϕ_0 が生ずる．つぎにコイルに電流を流せば，破線で示されるような磁束 ϕ がもたらされる．磁束 ϕ_0 と ϕ の合成を，空隙 ①～④ で見ると，空隙 ① と ④ の場合は加算されて $\phi_0 + \phi$, また空隙 ② と ③ の場合は減算されて $\phi_0 - \phi$ の磁束となる．

いま，空隙 ①，④ での吸引力を $F_{1,4}$, 空隙 ②，③ での吸引力を $F_{2,3}$ とすると，$F_{1,4}, F_{2,3}$ はつぎの各式で表される．

$$F_{1,4} = \nu (\phi_0 + \phi)^2 \tag{3.8}$$

$$F_{2,3} = \nu (\phi_0 - \phi)^2 \tag{3.9}$$

ただし，ν は比例定数である．したがって，電機子に発生するトルク τ は，電機子支点と空隙 ①，④ 間の距離を l とすると，次式で与えられる．

$$\tau = l (F_{1,4} - F_{2,3}) = 4\nu l \phi_0 \phi \tag{3.10}$$

ここに，電機子を通る磁束 ϕ は，駆動電流 i に比例するから，トルク τ は駆動電流 i に比例する．このトルクによって電機子支持用の板ばねは曲げられ，その弾性モーメントと τ とが釣り合った状態で電機子は静止する．このと

き，トルク τ と板ばねの変位が比例することより，結局，電機子の変位は駆動電流 i に比例する。

図3.6においては，トルクモータによってノズルフラッパ機構を駆動するときの実際例が示されている。トルクモータは，応答周波数が非常に高く（100～300 Hz），また制御要素としての線形性に優れているなどの特長から，電気・油圧サーボ弁をはじめ，多方面に使用されている。

3.1.3 可動コイル（ムービングコイル）

可動コイル（moving coil）はボイスコイルモータ（voice coil motor）とも呼ばれるアクチュエータで，スピーカと同じ原理によって作動する。**図3.7**に示すように可動コイルは，永久磁石，可動コイル，ばねを主要要素として構成される。永久磁石によって一様な磁界を円筒状の空隙部に作り，その中に円筒コイルがおかれている。コイルに電流 i を流せば，フレミングの左手の法則によってコイルへの推力がもたらされ，この力は i に比例して与えられる。可動コイルは，鉄心がないことから可動部の慣性が小さく，また電気的時定数も小さいなどの特長をもつ。

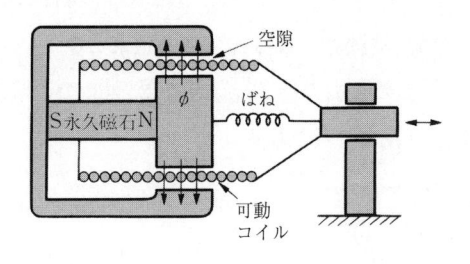

図3.7 ムービングコイルの作動原理

この可動コイルは，希土類磁石などの磁性材料の進歩により，近年，小形・高速度化が図られ，ソレノイドと比べて1けた高い応答速度（応答周波数は約200 Hz）のものが開発されている。また優れた線形性や動きが滑らかであるなどの特長のため，磁気ディスク装置の磁気ヘッドの位置決め，X-Yテーブル

の高精度位置決めなど多くの分野に応用されている。

3.2 直流サーボモータ

　動力用としての直流モータは，電気機関車の駆動用をはじめ，現在でも最も多用されている電気モータの一つである。直流モータは，単に直流電源と簡単なスイッチング回路を接続することにより，比較的簡単に駆動することができる。

　一方，制御用としての直流サーボモータは，位置決め，速度制御などのサーボシステムを構成する必要性から，より複雑な駆動・制御法となる。

　また，直流モータと比べて高い制御性能を要求される直流サーボモータでは，トルク/慣性比をできるだけ大きくするために，電機子を極力軽量・低慣性に抑えたり，また電気的時定数を小さくするためインダクタンスを低くするなど，独自の対策が施されている。

　近年のFA，OA機器を始め，NC工作機械などの急速な発展の中で，直流サーボモータはきわめて重要な役割を果たしている。ほかの電気式サーボモータと比較したときのその特徴としては，① 高い制御性能をもち，効率も良い，② トルク/慣性比が大きいことから，小形・軽量で大出力が得られる，③ 回転速度およびトルクの制御が容易，④ 始動トルクが大きい，などの点をあげることができる。

　一方，最大の難点は機械的摺動部をもつ整流子とブラシの存在にある。摩耗したブラシの交換など定期的点検と保守を必要とし，また寿命，騒音，電気的ノイズなどの問題点が付随する。

3.2.1　直流サーボモータの回転原理

　図2.2に示される電気モータの作動原理図によれば，磁界中のコイルに電流 i を流すと，コイルには，フレミングの左手の法則に基づく力 F（電磁力）が発生する。式（2.1）によれば F は次式で与えられる。

$$F = Bli \ [\text{N}] \tag{3.11}$$

ただし，B：磁束密度，l：コイルの有効長さである。

図2.1の構成では，電流 i の方向がつねに一方向であるため，コイルは図示の状態から時計方向に90°だけ回転するものの，引き続いて回転力（トルク）を得ることはできない。

電源として直流が用いられるこの直流モータの場合，連続した回転力を得るためには，コイルの回転角に応じて電流の向きが切り換わるような機構（整流機構：commutation mechanism）を必要とする。そのために，**図3.8**[4)] に示すように，電源回路中にブラシと整流子（コミュテータ：commutator）を付け加える。

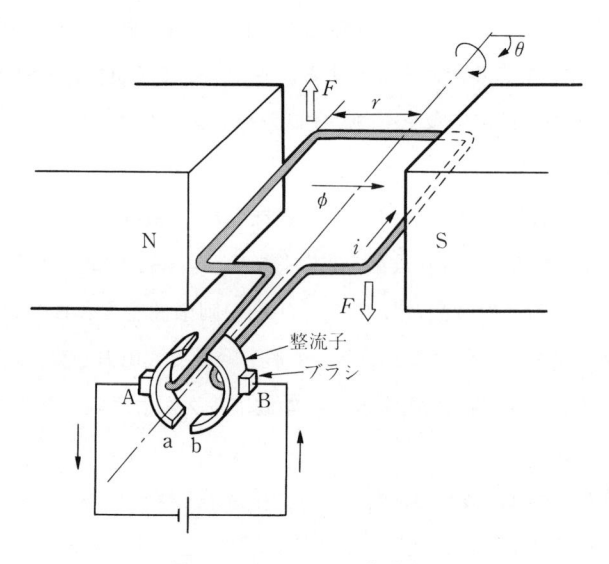

図3.8 直流モータの作動原理

実際の直流モータでは，図中の1回巻きコイルに代えて，鉄心（電機子鉄心：図では省略してある）のまわりに数百回巻かれたコイルが使われており，これは電機子コイルと呼ばれている。なお，磁束を発生するための磁石としては，永久磁石のほかに，電磁石が用いられる場合もある。

図示のように，電機子コイルはこれと軸心を同じくする整流子につながれ，

さらにブラシとの接触部を経て電源に接続される。このような機構を備えることにより，図3.8中の電機子コイルを連続的に回転させることができる。図示の状態から時計方向に90°回転するまでの過程は，整流子（a，b）とブラシ（A，B）の接続がA-aおよびB-bとなることから，図2.1の場合と同様となる。90°を過ぎると，整流子とブラシの接触が切り換わって，A-bおよびB-aの接続となる。その結果，コイル電流の方向が先と逆向きとなって，引き続き電機子コイルを時計方向に回転させるトルクが発生する。このような（A，B）と（a，b）の接続は，以後，180°ごとに切り換えられ，電機子コイルを一定方向に回転させることができる。

以上は原理的な説明であったが，つぎに実際の直流サーボモータの構造を見てみよう。**図3.9**は，モータの構造を回転軸に直交する断面で示した模式図であり，これらの要素は固定子（ステータ：stator）と回転子（ロータ：rotor）に大別される。このうち回転子のおもな構成要素は，電機子（アーマチュア：armature：電機子コイルと電機子鉄心よりなる），整流子と軸（シャフト）である。

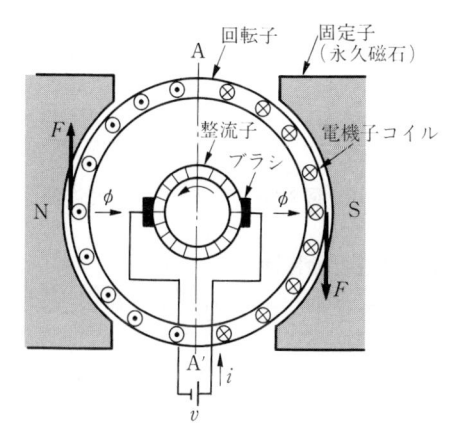

図3.9 直流モータの作動原理

先の原理的な図3.8では，電機子コイルは1組のみ（これに伴って整流子の溝も1組のみ）としたが，この図では，9組のコイルの場合が示されている。その作動原理は図3.8の場合と同様に説明されうる。すなわち，電源からの電流 i はブラシと整流子（9組の溝をもつ）を経ることにより，回転角のいかん

にかかわらず，電機子コイル中を流れる電流の方向は図示（⊙, ⊗印で示す）のようになる。ここに⊙印は紙面の裏から表への方向を，また⊗印は表から裏方向を表す。したがって，電機子コイルをつねに時計方向へ回転させるトルクが発生する。

直流サーボモータでは，磁束をもたらす磁界は一定であることが望ましい。磁界が一定であれば，回転子に発生するトルクは電流 i に比例して与えられることから，トルクの変動が少なく，制御が容易になるからである。この点から，界磁用磁石としては永久磁石が望ましく，希土類などの磁性材料（たとえばサマリウムコバルト磁石，ネオジ磁石）の進歩に伴って，近年，この永久磁石形の直流サーボモータ（permanent magnet DC servo-motor）が主流となっている。このうち，有鉄心形直流サーボモータ（iron-core PM DC servo-motor）の断面図を**図3.10**に示す。

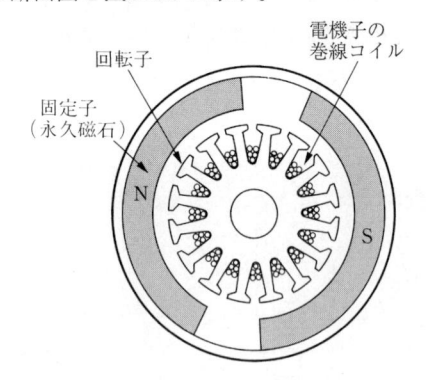

図3.10 直流モータの断面構造図

3.2.2 直流サーボモータの特性（静特性と動特性）

永久磁石界磁のように磁束が一定であるとき，式（2.2）より，モータの発生トルク τ は次式で表される。

$$\tau = Fr = Blir \quad [\text{N}\cdot\text{m}] \tag{3.12}$$

ただし，F：コイルに発生する力，r：回転中心からコイル線径の中心までの半径，B：磁束密度，l：コイルの有効長さ，i：電流である。

式（3.12）によれば，発生トルク τ は電流 i に比例することから式（3.13）のように表される。

$$\tau = k_t i \tag{3.13}$$

ただし，$k_t = Blr$ 〔N·m·A⁻¹〕であり，k_t はトルク定数と呼ばれる。

モータが回転を始めると，電機子コイルが磁束を切ることによってもたらされる誘導起電力が発生する。その方向は電流 i と逆向き，すなわち逆起電力である。式 (2.4) によれば，逆起電力 e は $e = BlV$ で表される（V：コイルの移動速度）。ここに電機子の回転角速度を ω 〔rad/s〕とすると，速度 V は $V = r\omega$ であるから逆起電力 e は式 (3.14) で与えられる。

$$e = Blr\omega = k_e\omega \tag{3.14}$$

ただし，$k_e = Blr$ 〔V·s〕とおき，ここに k_e を逆起電力定数と呼ぶ。なお，トルク定数 k_t と逆起電力定数 k_e は，単位の表記が異なっているが，両者はいずれも磁束 ϕ の単位 Wb に一致する（〔N·m·A⁻¹〕＝〔V·s〕＝〔Wb〕）。

いま，電機子コイルのインダクタンスを L 〔H〕，コイル抵抗を R 〔Ω〕とすると，モータの等価回路は**図3.11**のように表される（ただしこの段階では，図における電機子の慣性モーメント J の存在を無視して考える）。

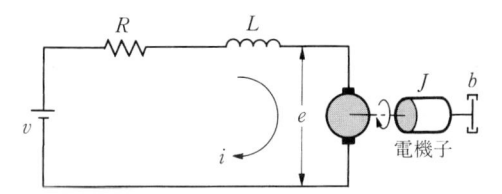

図3.11 直流サーボモータの等価回路

図中，v, i は印加電圧と電流を，また e は逆起電力を表す。図の等価回路によれば次式が成り立つ。

$$v = L\frac{di}{dt} + Ri + e \tag{3.15}$$

上式に式 (3.14) を代入すれば次式が得られる。

$$v = L\frac{di}{dt} + Ri + k_e\omega \tag{3.16}$$

式 (3.13) と式 (3.16) が直流サーボモータに関する基礎的関係式である。

[1] 静 特 性

式 (3.13), (3.16) における時間微分項を 0 とおけば，直流サーボモータの

静特性（定常特性）を与える次式が得られる。

$$\tau = k_t i \tag{3.13}$$

$$v = Ri + k_e \omega \tag{3.17}$$

式 (3.13) が電流・トルク特性を与える関係式である。同式によればトルク τ は電流に比例することから，電流 i の変化によって負荷トルクを容易に制御しうることがわかる。

つぎに，式 (3.17) を変形すれば次式が得られる。

$$\omega = \frac{1}{k_e}(v - Ri) \tag{3.18}$$

上式によれば，印加電圧 v の変化によってモータ回転数を容易に制御しうることがわかる。

さらに，式 (3.13)，(3.17) の両式から i を消去すると次式が得られる。

$$\tau = \frac{k_t}{R}(v - k_e \omega) \tag{3.19}$$

上式は，モータの発生トルク τ，印加電圧 v および角速度 ω 間の特性式であり，その関係は図3.12のように表される。図は電圧 v をパラメータとするときのトルク τ と回転角速度 ω の関係を示したもので，一般にトルク-回転数特性と呼ばれる。図によれば，$\omega = 0$ のときのトルクが最大で，以後，ω の増大とともに発生トルクは直線的に減少する（このような垂れ下がり特性のことを垂下特性という）。またパラメータである電圧 v を増すほどトルクは増大する。なお，$\omega = 0$ のときのトルクは始動トルク（τ_s とおく）と呼ばれ，τ_s は次式

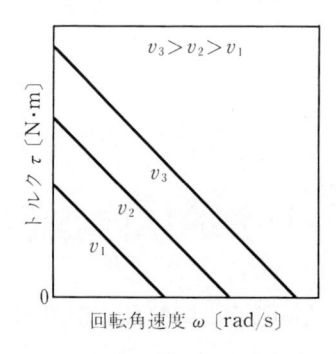

図3.12　トルク-回転数特性

で与えられる。

$$\tau_s = \frac{k_t}{R} v \tag{3.20}$$

図3.12によれば，印加電圧 v と回転数の関係（電圧・回転数特性）は比例関係にある。このとき，電圧を逆極性にすれば，逆回転が得られるが，サーボモータでは特にこの正・逆特性がそろえられている点にも特徴がある。

電気サーボモータにおける制御の基本は，トルクと回転数を制御することにあるが，上記のように直流サーボモータにおいては，それぞれ電流と電圧を調整することによって比例的に制御することができる。このような制御のしやすさが直流サーボモータの最大の特長である。

[2] 動 特 性

つぎに，図3.11に示される電機子の存在を考慮に入れて，直流サーボモータの動特性を調べる。モータの回転に際し，電機子の慣性（慣性モーメント：J〔kg·m^2〕）と粘性摩擦（回転運動に対する粘性減衰係数：b〔kg·m/s〕）が作用するものとすれば，運動方程式は次式で与えられる。

$$J \frac{d\omega}{dt} + b\omega = \tau \tag{3.21}$$

上式と式 (3.13)，(3.16) の3式が動特性に関する基礎方程式である。

(a) 時 定 数　伝達関数が1次遅れ系で表されるシステムでは，その過渡特性は時定数（time constant）の大きさによって簡潔に評価することができる（時定数の小さいほど良好な応答性能が得られる。1章の図1.7参照）。直流モータに対しても，つぎのような考え方のもとに，機械的時定数と電気的時定数を定義し，これらを動特性の一評価基準としている。

いま，直流モータのステップ応答を考えるものとすると，入力電圧 v のステップ的変化は，まず電流 i の変動をもたらし，次いでトルク τ の発生，電機子の回転，逆起電力の誘起を経て，やがて回転速度 ω の定常状態がもたらされる。この間の過渡特性は，機械的要素である慣性モーメント J と電気的要素であるインダクタンス L の二つの要因に支配されるものとみなしうる。これらの

要因を個別にみると，各伝達関数が1次遅れ系で表されることから，それぞれの時定数を定義することができる。

機械的要因（J）のみに基づく影響量をみるために，まず，基礎式において，$L = 0$とおく。次いで，初期値をすべて0としてラプラス変換し，入力 $v(s)$ に対する出力 $\omega(s)$ の伝達関数を求めれば次式が得られる。

$$\frac{\omega(s)}{v(s)} = \frac{T_a}{1 + T_m s} \tag{3.22}$$

すなわち，T_mを時定数とする1次遅れ系の伝達関数となる。ただし，T_mとT_aをつぎのようにおく。

$$T_m = \frac{J}{b + k_t k_e / R}, \qquad T_a = \frac{k_t}{bR + k_t k_e} \tag{3.23}$$

上式において$b = 0$（摩擦を無視のとき）とおけばT_m，T_aはそれぞれ次式で表される。

$$T_m = \frac{JR}{k_t k_e}, \qquad T_a = \frac{1}{k_e} \tag{3.23'}$$

式（3.22）によれば，入力 v に対する（単位）ステップ応答 $\omega(t)$ は次式で与えられる［1章の式（1.15）参照］。

$$\omega(t) = T_a(1 - e^{-t/T_m}) \tag{3.24}$$

ここに，式（3.23）または（3.23'）で表されるT_m〔s〕を機械的時定数（mechanical time constant）といい，この値が小さいほど直流モータの起動特性は改善される。

つぎに電気的影響量を取り出すために，電機子の回転を止めたとき（$\omega = 0$とおく）の，電流 i の変化に注目する。このときの伝達関数は次式となる。

$$\frac{i(s)}{v(s)} = \frac{1/R}{1 + T_e s} \tag{3.25}$$

ただし，

$$T_e = \frac{L}{R} \text{〔s〕} \tag{3.26}$$

式 (3.25) によれば，電気的な遅れは，時定数 T_e によって見積もることができるので，これを電気的時定数 (electrical time constant) と呼ぶ．

直流モータの設計に際しては，これら時定数 T_m, T_e を極力小さな値に設定する必要があり，そのためには，電機子の慣性モーメント J とインダクタンス L を小さくせねばならない．例えば J を小さくするために，電機子の直径を小さく，長さを大きくするなどの方策が用いられている．

(b) 伝達関数　　先の (a) では機械的および電気的影響量を個別に扱ったが，実際のモータ駆動においては両者は相互に影響を及ぼし合い，動特性はより複雑となる．その動特性を，印加電圧 v を入力，回転速度 ω を出力とする伝達関数によって表してみよう．式 (3.13), (3.16), (3.21) のラプラス変換された各関係式より，電流 $i(s)$ とトルク $\tau(s)$ を消去すれば次式の伝達関数が得られる．

$$\frac{\omega(s)}{v(s)} = \frac{k_t}{LJs^2 + (Lb + RJ)s + Rb + k_t k_e} \tag{3.27}$$

すなわち直流サーボモータの動特性は2次遅れ系の伝達関数で表される．

例題 3.1　　直流サーボモータに対する関係式 (3.13), (3.16), (3.21) で表される各信号間の関係をブロック線図表示せよ．

解答　　式 (3.13), (3.16), (3.21) の3式をラプラス変換するとつぎの各式が得られる．

$$\tau(s) = k_t i(s) \tag{3.28}$$

$$v(s) = (Ls + R) i(s) + k_e \omega(s) \tag{3.29}$$

$$(Js + b) \omega(s) = \tau(s) \tag{3.30}$$

上の3式の関係をブロック線図表示すれば**図3.13**が得られる．

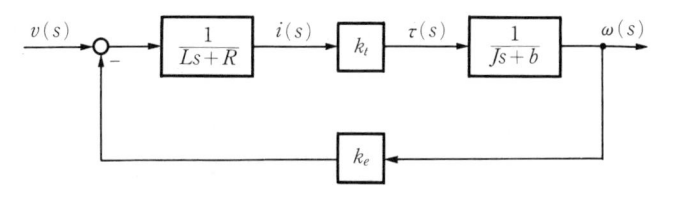

図3.13　　直流サーボモータのブロック線図表示

3.2.3 直流サーボモータによる速度と位置の制御システム

[1] 速度の制御システム

直流サーボモータの速度制御は，例えば工作機械の送り速度を任意に設定したい場合などに用いられる。そのために，速度フィードバックループをもつ図3.14のような制御系が必要とされる。

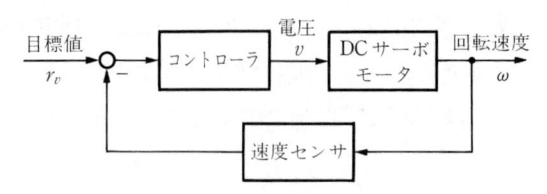

図3.14 直流サーボモータの速度制御系

図において，モータの回転速度は速度センサによって検出され，その値はフィードバック信号として入力側に戻されて，入力信号と比較される。比較の結果，差（偏差）があればその偏差がコントローラ（＝演算処理回路＋駆動アンプ）に入力され，アンプの出力電流によって，モータの回転速度に対する訂正動作が加えられる。このとき，モータに接続された負荷のトルクが変動して，回転むらを生じたような場合にも，指令された速度をすみやかに回復し保持せねばならない。そのために，コントローラにおける制御動作としては，積分動作を加えたPI制御が多くの場合に用いられる。

[2] 位置決めサーボシステム

サーボモータによる位置決め制御は，フィードバックループの構成の仕方により，2章の図2.12に示すような (a) 閉ループ系，(b) 半・閉ループ系，(c) 準・閉ループ系の三つの方法により行われる。閉ループ系 (a) に基づく位置決め制御系のブロック線図を図3.15に示す。なお，図中に示される e_p, v_a, ω などの変数は，本来はラプラス変換された量によって記すべきものであるが，簡略的に図示のような記法とした（以下においても，同様な扱いとする）。

図のシステムでは，慣性モーメント J_L の回転負荷が接続されており，また直流サーボモータの伝達関数を，式 (3.27) による2次遅れ系で与えている。

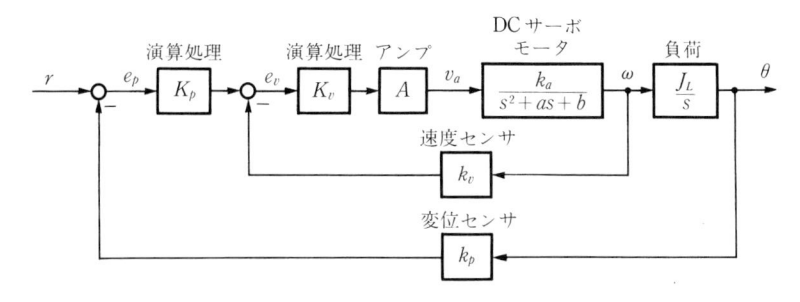

図3.15 直流サーボモータの位置決め制御系

　また，角変位信号 θ のフィードバックループ（メインループ：main loop）に対するマイナーループ（minor loop）として，速度フィードバックが施されている。このマイナーループを付け加えることにより，速度制御をしながらの位置制御ができることから，位置決め制御が容易になる。また，速度の制御もできるので，速度過剰によるシステムの損傷を避けるのに役立つ。

　この制御システムの目的は，位置の指令信号 r によって負荷の変位 θ を変化させ，両者が一致したときにモータの回転数（速度）を0として，その位置を保持することにある。そのための制御プロセスはつぎのようになされる。まず，現在位置 θ は変位フィードバック経路を経て時々刻々に指令信号 r と比較され，偏差 e_p が算出される。つぎに，位置偏差 e_p は第1の演算処理部によってモータの速度信号に変換され，さらに現在のモータ速度と比較されて速度偏差 e_v がもたらされる。速度偏差 e_v は，第2の演算処理部および増幅器によってモータ駆動用の電圧信号に変換および増幅され，e_v が0になるまでモータを回転させる。この結果，負荷の位置決めがなされ，その状態が保たれる。

[3] ディジタルサーボの導入

　直流サーボモータのアナログ的な駆動は，モータへの印加電圧を時間とともに連続的に変化させる方法によって行われる。これに対してディジタル的な駆動は，パルス幅変調（PWM）法におけるようなオンオフ信号によって行われる。

　PWM法によるモータの回転速度制御は，原理的に，**図3.16**（a），（b）に示

図3.16 (a) SW-オン状態　(b) SW-オフ状態

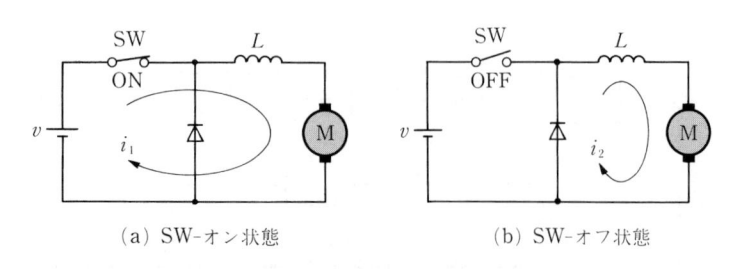

図3.16 PWM制御方式の原理[5]

すような二つの駆動モードを切換えながら行われる[5]。ただし，図中のLはモータのインダクタンスを表すものとする。

まず図3.16 (a) では，スイッチSWがオンの状態にあることからモータに電流 i_1 が流れ，モータは駆動状態となる。次いで，図3.16 (b) のようにSWをオフにすると，インダクタンスLの作用により，電流 i_1 は急激に減少することなく，ダイオードとモータを結ぶ閉回路内で電流 i_2 が流れる状態となる（この効果によって，モータの急激な速度変動を減らすことができる）。したがって，PWM搬送波の周期を T，スイッチSWのオン時間幅を t_{on} とするとき，$D = t_{on}/T$ の大きさを0～100％の範囲で変化させれば，周期 T に対する時間平均値としてのモータへの印加電圧を任意に制御することができる。ここに D は変調率またはデューティ（duty）と呼ばれるが，例えば，**図3.17** (a) に示すように D の値を変化させれば，モータへの印加電圧の時間平均値は定性的に図3.17 (b) のような波形となる。このとき，出力としての回転速度を図3.17 (c) に示すように制御することができる。

原理的な説明図である図3.16の回路では，サーボモータの回転方向が一方向（正回転方向）のみに限定されているが，一般には可逆制御を可能とする**図3.18**のような制御方式（可逆制御方式）が用いられる[5]。図中のスイッチングアンプがモータの駆動回路であり，スイッチに相当する4個のトランジスタ①～④とダイオードならびに電源によって構成されている。

まず，トランジスタ①と④がオン，②と③がオフの状態にあるものとすると，電源 v からの電流 i はトランジスタ①→モータ→インダクタンスL→トランジ

3.2 直流サーボモータ

(a) モータへのパルス列波形入力

(b) 時間 T 当りのモータへの印加電圧

(c) モータの出力回転速度

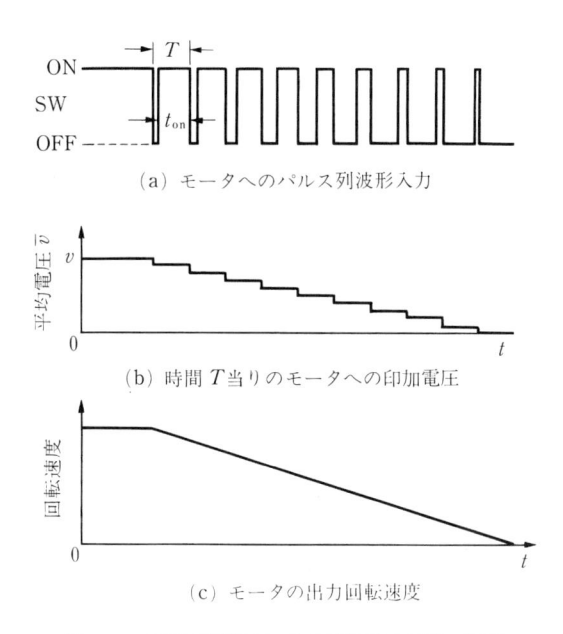

図3.17 PWM制御法による回転速度制御の原理

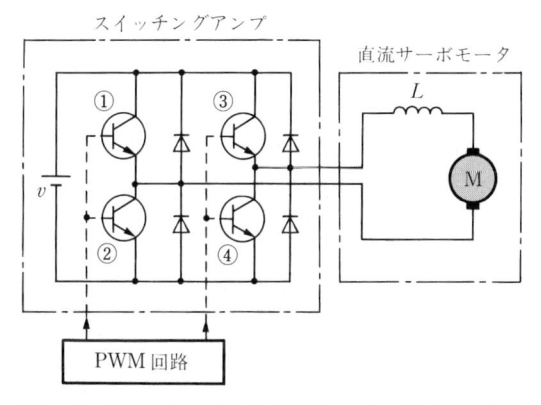

図3.18 可逆制御方式によるDCモータのPWM法駆動

スタ④→電源 v へと流れる（この状態を切換Ⅰと呼ぶ）。いま，この切換状態のみによって決まるモータの回転方向を正とする。この切換がモータの正回転中に行われれば，モータは加速されるのでこれを加速モードと呼ぶ。また逆回転中に行われれば，モータは減速されるのでこれを減速モードと呼ぶ。

つぎに切換状態を先とは逆に，トランジスタ ② と ③ がオン，① と ④ がオフの状態にすると，電源 v からの電流 i はトランジスタ ③ → インダクタンス L → モータ → トランジスタ ② → 電源 v へと流れる（この状態を切換Ⅱと呼ぶ）。したがって切換Ⅱの状態を持続すればモータは逆回転となる。また切換Ⅱがモータの正回転中に行われれば，モータは減速されるので減速モードとなり，逆回転中に行われれば加速モードとなる。

なお，減速モードにおける制動（ブレーキ）は，モータの逆起電力によって生ずるものであり，回生制動（regenerative braking）と呼ばれ，モータの制動法として広く用いられている。

以上によれば，切換状態（ⅠとⅡ）とモータの回転方向（正と負）の組合せにより，つぎの四つの動作モードが存在する。

(1) 正回転・加速モード
(2) 正回転・減速モード
(3) 逆回転・減速モード
(4) 逆回転・加速モード

したがって可逆制御方式によるPWM法では，これら四つの動作モードを組み合わせることが必要とされる。そのために，モータの回転方向を検出しながら，それに応じて切換Ⅰ，Ⅱの状態を適宜切換える方法が用いられる。

上に述べたようなディジタル的駆動法によれば，マイクロコンピュータを組み合わせた**図3.19**のようなディジタルサーボシステムを構成することができる。簡単のため，図ではモータの角変位を制御量とする場合が示されており，

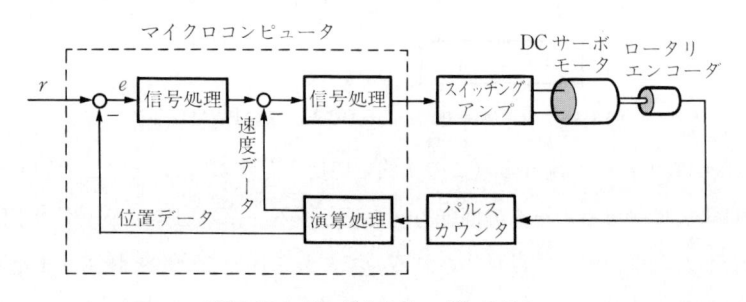

図3.19 ディジタルサーボシステム

フィードバック量である角変位をディジタル信号として検出するためにロータリエンコーダが取り付けられている。ボールねじなどの運動伝達・変換機構を接続して，負荷テーブルの位置を制御量とするときについても基本的な構成法は同じである。その場合は，リニアエンコーダなどによって検出されたテーブル位置信号をフィードバック量とすればよい。

図中のコンピュータの役割は，① 目標値の設定とその記憶，② フィードバック量であるパルスカウンタから現在位置カウンタ値を取り込む，③ 回転方向の判別，④ 現在位置データの時間的変化から回転速度の計算，⑤ それらの数値データを用いて，制御アルゴリズムに従って制御則の演算処理，⑥ その結果に基づいて，スイッチングアンプの切換タイミング制御，などをすることにある。

近年のマイクロコンピュータの発達・普及に伴って，これらサーボシステムのディジタル制御化が急速に進みつつある。目標値の設定，信号の比較，信号処理などの操作・演算はマイクロコンピュータをもとにソフト的に実行することができ，その恩恵はきわめて大きいといえる。

3.2.4 直流サーボモータの駆動回路（パワーアンプ）[5]

直流サーボモータに電気パワーを供給するための駆動回路は，通常，つぎの二つ方式が用いられている。これらのうちのいずれの方式を選ぶかは，必要とされるパワーの大きさや応答性能（おもに応答周波数）によって決められる。

[1] トランジスタによるリニア増幅器方式

入力信号（電圧）に比例倍した出力信号（電流または電圧）を作りだすための増幅器であり，電流制御方式と電圧制御方式がある。これは，一般にオーディオ用として使用されている直流増幅器と基本的に同じであり，数十W以下の小さなパワーの駆動回路として用いられる。

後述するPWM方式では，信号の処理がオンオフ的になされるため電流の脈動的変動を伴うのに対して，この方式ではアナログ的になされることから滑らかかつ低騒音の駆動が得られる。特長としては，応答性能がきわめて優れてい

る点があげられ，約100 kHzの周波数までサーボモータを追従させることができる。一方，トランジスタをオンまたはオフ状態以外の領域で使用するこの方式（直流電圧の変動を，トランジスタのコレクタ損失で受けもつ方式）では，エネルギー損失の増大とそれに伴う発熱を無視しえず，そのために出力パワーが小さな場合に限定される。

[2] PWM制御方式

トランジスタを使った場合でも，オンオフ駆動にすれば大きな電力を扱いうることから，効率のよい高出力パワーの駆動回路（スイッチングアンプ）を構成することができる。オンオフ駆動を実現するための信号処理法としては，多くの場合，PWM法が用いられている。

搬送波に基づいて駆動されるこの方式では，サーボモータを高速・高精度で駆動するために，搬送波の周波数をできるだけ大きく設定することが求められる。電界効果トランジスタ（FET：field-effect transistor）などのスイッチング素子を使えば，その周波数を数十kHzにまで高めることができ，このとき，約1 kHzの（応答）周波数までサーボモータを追従させることができる。

なお，上記 [1] と [2] の二つの方式のほかに，サイリスタによる位相制御方式（サイリスタレオナード方式）と呼ばれる方法がある。しかしこの方法による駆動回路では，大きなパワー出力（数kW～数百kW）を生みだすものの，応答周波数が低く抑えられるため（約10 Hz程度まで），適用の場は一部に限定されている。

これら各方式に基づく駆動回路の選択に際しては，それに接続されるサーボモータや負荷の仕様，および要求されるシステムの制御性能などが考慮されねばならない。

3.3 交流サーボモータ

FAの分野において不可欠な産業用ロボットを始め，NC工作機械などの電気式サーボモータとしては，従来は直流サーボモータが多用されてきた。ところ

が近年の状況を見ると,それらサーボモータは交流サーボモータに置き換えられようとしている。そのおもな理由は,耐環境性,耐久性,高速(回転)性などの点で交流サーボモータの方が有利であるからである。

直流サーボモータの最大の弱点は,機械的摺動部をもつ整流子とブラシの存在にあるが,交流サーボモータにはそれがないので悪環境下でもメンテナンスフリーが可能となる。その反面,整流機能を電気的な駆動回路に負わせるため,制御装置が複雑で高価とならざるをえず,この弱点の解消が従来の技術課題であった。しかしながら,最近のパワーエレクトロニクスをはじめ,マイクロプロセッサやLSIの発展・普及はこの課題を克服しつつあり,交流サーボモータに関する新たな状況が拓かれた。

3.3.1 交流サーボモータの種類と構造

交流サーボモータをモータの構造上から分類すると,同期形モータ(synchronous motor)と誘導形モータ(induction motor)の2種類に大別される。両者の違いは,回転子の構成法にあり,回転子を永久磁石で作る場合が同期形であり,電磁石で作る場合が誘導形である。固定子部についてはすべて同じ構造となっており,単相,2相または3相の電磁石からなる電機子コイルである。なお,同期形モータとしては,永久磁石形のほかに巻線界磁形同期モータがある。

交流サーボモータには,この他に,ブラシレス直流モータ,交流整流子モータ(シリーズモータまたはユニバーサルモータともいう),ヒステリシスモータなどの種類がある。

[1] 同期形モータ

永久磁石形同期モータ(permanent-magnet synchronous motor)の主要構造(回転子と固定子の断面図)を**図3.20**(a)に示す。図示のように,永久磁石を回転子に取り付け,一方,回転磁界を発生するためのコイルが固定子に取り付けられている(この位置関係は図3.9に示した直流モータの場合と逆になっている)。このモータは小形の製品化が可能であることから,高速応答用お

(a) 同期形モータ　　　　(b) 誘導形モータ

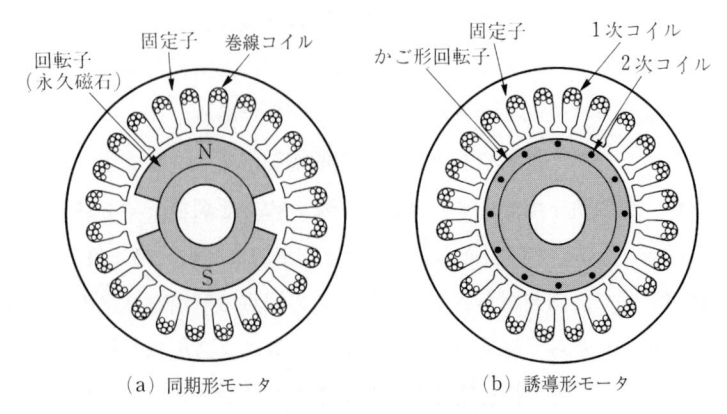

図3.20 交流サーボモータの断面構造図

よび中・小パワー用のサーボシステムに適している。

なお，同期形モータを平面状に展開すれば電気リニアモータとなるが，**図3.21**にリニア同期モータの作動原理図を示す。

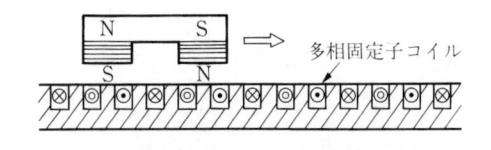

図3.21 リニア同期モータ

[2] **誘導形モータ**

サーボ用の誘導モータとしては，かご形と呼ばれるモータ（かご形誘導モータ：squirrel-cage induction motor）がおもに使用されている。図3.20（b）がその断面構造図であり，図示のように，固定子側電機子コイル（1次コイル）に加えて，回転子側にもコイル（2次コイル）が設けられている。このモータは回転子の慣性を小さくできるので，高速応答が得られる反面，その制御法は同期形モータと比べて複雑となる。通常は，中・大パワーのサーボシステム用に使用されている。

[3] **ブラシレス直流モータ**

ブラシレス直流モータ（brushless DC motor）は，直流サーボモータに存

在する機械的整流機構（整流子とブラシ）を，電子的整流機構（磁極位置検出センサと半導体スイッチ）に置き換えたものとみなすことができ，その主要構成要素は交流同期形モータと同じである（そのために，ACサーボモータとも呼ばれるが，電源は直流である）。すなわち，同期形モータの電機子コイルへの電流を，回転子の磁極位置に合わせて切換制御することにより，機能的に直流サーボモータと同じ特性を得ようとするものである。したがって，同期形モータとのおもな相違点は電子的整流機構が付加されていることにある。磁極位置検出用センサとしてはホール素子変換器（Hall generator）やロータリエンコーダが用いられ，その検出信号をもとに，インバータ（inverter：直流を交流に変換する機器）を併用して整流を行う。

このモータを直流サーボモータと比較したときの特長としては，機械的整流機構がないことに伴う保守上の有利さに加え，回転子の慣性モーメントを小さくできることから，高速応答となる点，ブラシにおける電圧降下や摩擦損失がないために，効率がよい点などがあげられる。これらの理由により，従来の直流サーボモータに代わるものとして，近年，ブラシレス直流モータが盛んに使用されるようになっている。

3.3.2　交流サーボモータの作動原理と制御方式

交流モータをサーボモータとして使用するには，その回転数とトルクを制御することが必要となる。以下においては，交流モータの作動原理とその制御法について述べる。

[1] 同期形サーボモータ

同期形サーボモータが回転する原理はつぎのようである。まず固定子コイルに交流電流を流して回転磁界（永久磁石を回転させたときと同じ効果）を作り，これとの間に働く磁気的吸引力によって回転子（永久磁石）が引かれて，回転子の回転がもたらされる。したがって，回転子は回転磁界と同じ速度で回転する。

さて，3相交流によって生ずる回転磁界を考えるにあたって，固定子コイル

は3相コイルによって構成されているものとする。3相コイルとは，図3.22 (a)[6] に示すように三つのコイル a，b，c からできていて，それらが空間的に 120°ずつずれて配列されているものをいう。また3相交流は，同図中に示すように，たがいに時間的に位相が120°ずつずれた電流 i_a，i_b，i_c によって表される。

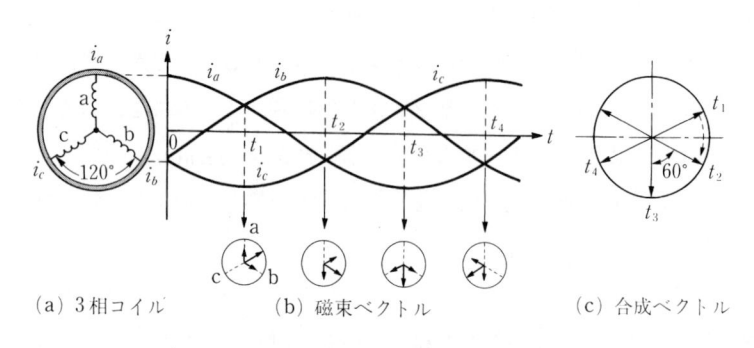

図3.22 3相交流による回転磁界の発生[6]

(a) 3相コイル　　(b) 磁束ベクトル　　(c) 合成ベクトル

コイルに発生する磁束は電流と比例関係にあることから，いま，a相コイルにおける $t=0$ の時点での磁束の大きさを1として，各相のコイルに発生する磁束を見積もってみる。たとえばa相コイルのみについてみてみると，t_1の時点では1/2，t_2の時点では $-1/2$（負の符号は逆方向の磁束となる），t_3の時点では -1 の磁束が発生する。同様にして，a，b，c の各相コイルには，t_1 の時点でそれぞれ 1/2，1/2，-1 の磁束が生ずる。これらの関係を空間ベクトルによって表現すれば図3.22 (b) のような磁束ベクトル線図が得られる。図3.22 (c) は図3.22 (b) の磁束ベクトルを合成したものであり，図によれば合成磁束は時間の経過とともに60°ずつ回転していくことがわかる。すなわち，空間的に120°ずつずらしたコイルに対して，時間的に120°ずれた電流を流すと回転磁界が発生するわけである。

その回転数は入力電流の周波数 f_{in}〔Hz〕に等しいから，回転角速度 ω_r〔rad/s〕は次式で表される。

$$\omega_r = 2\pi f_{\text{in}} \tag{3.31}$$

上式は1組の3相交流によってできる1組の回転磁界に対する関係式，すな

わち2極モータに対する関係式である。一般には3相コイルを p 組配置した多極モータが用いられる。極数が $2p$ のとき（2極モータのとき $p = 1$），回転磁界は電源の1周期に対して，空間的に $1/p$ 回転するので，同期速度 ω_r は次式で与えられる。

$$\omega_r = \frac{2\pi f_{\text{in}}}{p} \tag{3.32}$$

このように同期形サーボモータでは，その回転数が，外部信号である電源の周波数 f_{in} に支配される外部形式となっている。したがって，周波数 f_{in} を制御することにより，容易に回転速度の制御を行うことができる。周波数 f_{in} を任意に制御するにはインバータ（inverter）を用いる。インバータは，本来，直流を交流に変換する機器であるが，PWM制御方式などのインバータによれば，変換される交流電圧の大きさとともに周波数をも制御することができる。

つぎにモータの発生トルクについて考える。無負荷の状態では，回転磁界と回転子の磁気軸は一致しながら（このときを $\theta = 0°$ とする）回転するが，回転子に負荷がかかると，**図3.23** に示すように，θ が増加してトルクを発生する。この角度は相差角またはトルク角と呼ばれる。負荷が増大して，$\theta = 90°$ を越えると逆にトルクが減少して回転が追従できずに停止してしまう（これを脱調という）。

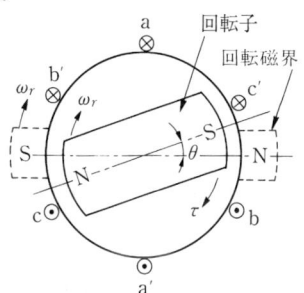

図3.23 同期形モータの作動原理

このように同期形モータの発生トルクは，θ とともに正弦的に変化し，次式のように表される。

$$\tau = k_t i \sin\theta \tag{3.33}$$

ただし，k_t：トルク定数，i：電流，である。

88　3. 電動アクチュエータ

例題 3.2　6極の同期形交流モータを，入力周波数 f_in = 60 Hz で駆動するときの回転数 N 〔rpm〕を求めよ。

解　答　式 (3.32) から

$$\omega_r = \frac{2\pi f_\text{in}}{p} = \frac{2\pi \times 60}{3} = 40\pi \text{ rad/s}$$

$$\therefore N = \frac{60\omega_r}{2\pi} = \frac{60 \times 40\pi}{2\pi} = 1\,200 \text{ rpm}$$

[2]　**誘導形サーボモータ**

誘導形サーボモータも同期形モータと同じく，回転磁界によって回転力を得る点は同じであるが，同期形モータでは永久磁石である回転子が回転磁界に付いて回る方式であるのに対して，誘導形モータでは，トルクを発生するための回転子電流が電磁誘導作用によって作りだされる。すなわち，**図3.24** において，回転磁界が時計方向に ω_r の角速度で回転すると，磁束が回転子コイルを切ることになる。

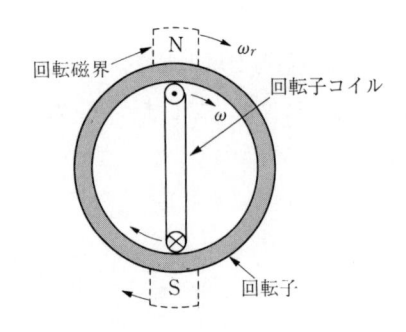

図3.24　誘導形モータの作動原理

いま，回転磁界を固定して考えると，相対的に回転子コイルが反時計方向に回転するので，フレミングの右手の法則によって，図示のような誘導電流（⊙，⊗印）が回転子に発生する。磁界中のコイルに電流が流れると，コイルはフレミングの左手の法則により，時計方向に電磁力を受ける。したがって回転子は回転磁界と同じ方向に回転することになる。この場合，コイルに誘導電流が生ずるためには，回転子の回転速度 ω が回転磁界の角速度 ω_r よりも少し小さく，$\omega < \omega_r$ であることを必要とする。なぜなら，$\omega = \omega_r$ の条件下では，

3.3 交流サーボモータ

コイルを切る磁束が存在せず，したがって電磁誘導がなされないからである。なお，ω_r を同期速度といい，極数が $2p$，入力周波数が f_in のときの ω_r は式 (3.32) で表される。

いま，ω_r と ω の差量 ($\omega_r - \omega$) を式 (3.34) のように無次元表示する。

$$S = \frac{\omega_r - \omega}{\omega_r} \tag{3.34}$$

式 (3.34) の S はすべり (slip) と呼ばれ，これによって回転子の回転速度が表される。すなわち，$S = 0$ では回転子が同期速度で回転し，$S = 1$ は回転子が静止していることを示す。式 (3.34) によれば，モータの回転角速度 ω は式 (3.35) で表される。

$$\omega = \omega_r(1 - S) \tag{3.35}$$

式 (3.35) に式 (3.32) を代入すれば式 (3.36) が得られる。

$$\omega = \frac{2\pi f_\text{in}(1 - S)}{p} \tag{3.36}$$

式 (3.36) によれば，モータの回転速度を制御するには，すべり S または電源の周波数 f_in を変化させればよいことがわかる。

例題 3.3 4極の誘導形交流モータが，60 Hz の電源によって駆動されるとき，すべり S が5％のときのモータの回転数 N [rpm] を求めよ。

解答 式 (3.36) から

$$\omega = \frac{2\pi f_\text{in}(1 - S)}{p} = \frac{2\pi \times 60(1 - 0.05)}{2} = 60\pi(1 - 0.05) \text{ rad/s}$$

$$N = \frac{60\omega}{2\pi} = 1710 \text{ rpm}$$

発生トルク τ の関係式は，誘導モータに対する等価回路をもとに，式 (3.37) のように求められる[4]。

$$\tau = k \frac{p}{2\pi f_\text{in}} \frac{v_\text{in}^2/S}{\Delta(S)} \tag{3.37}$$

ただし，k：比例定数，v_in：入力電圧（固定子コイルへの印加電圧），f_in：

入力(電圧の)周波数,$\Delta(S)$はすべりSの関数形であることを表す。

式(3.37)によれば,誘導形サーボモータのトルク制御は,入力周波数f_{in}または入力電圧v_{in}を変化させることによって行うことができる。

いま,式(3.37)によってトルクτとすべりSの関係を求めると,**図3.25**に示すようなトルク-回転数特性が得られる。図中のτ_m,τ_sは,それぞれ最大トルク,始動トルクと呼ばれる。

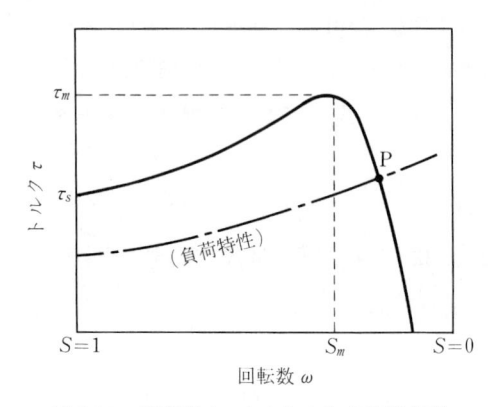

図3.25 誘導形モータのトルク-回転数特性

図3.25を図3.12と比較すれば,直流サーボモータの特性との違いが明らかとなる。

図3.25中には,モータに接続される負荷のトルク特性も1点鎖線で記入されており,モータの発生トルクと負荷トルクが釣り合うP点が動作点である。すべりSが,$S_m<S<0$の範囲ではトルク特性は右下がり,それ以外では右上がりとなる。ここに,安定な動作点は$S_m<S<0$(右下がり特性)の範囲である。S_mの値は,通常,約0.1〜0.2の範囲にあり,定格時のすべりは0.5 S_m程度である。

(a) 固定子電圧による速度制御法 固定子コイルへの印加電圧v_{in}によって回転速度ωを制御する方法である。たとえばv_{in}を大きくすると,磁束密度と誘導電流が増すので電磁力も増大し,したがって回転子の速度ωが増加する。さらにその結果として,すべりSは減少する。電源の周波数f_{in}を一定と

して，電圧 v_{in} を変化させたときのトルク-回転数特性を**図3.26**[4]) に示す。図によれば，v_{in} が大きいとき安定な動作点が得られるが，v_{in} の低下とともに動作点は不安定側に移行する。

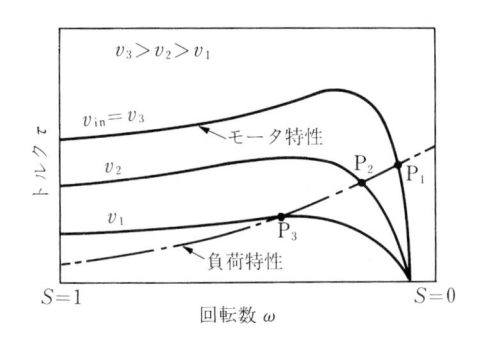

図3.26 電圧 v_{in} の変化に伴うトルク-回転数特性

(b) 周波数 f_{in} による制御法 式（3.36）の関係に基づいて，f_{in} を変化させることによって回転数を制御する方法である。インバータを使えば，電圧 v_{in} と周波数 f_{in} の両方を同時に変化させながら回転数を制御することができる。このとき，v_{in} と f_{in} の比（v_{in}/f_{in}）を一定に保ちながら f_{in} を変化させれば，**図3.27**に示すようなトルク特性が得られる[4])。図によれば，特性曲線の形をほぼ一定に保ちながら，広範囲の速度制御ができる。またこの方法によれば，低速時においても比較的大きなトルクが得られる。

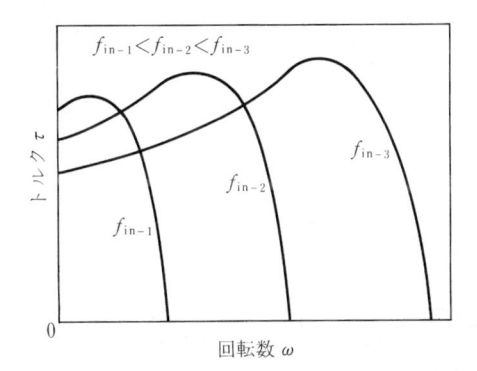

図3.27 入力周波数 f_{in} の変化に伴うトルク-回転数特性

[3] ブラシレス直流サーボモータ

ブラシレス直流サーボモータは，直流サーボモータの機械的整流機構を電子回路に置き換えたものであり，したがって，磁極位置検出器と電子的整流によって整流をする点のみが直流サーボモータとの相違点である。このため，直流サーボモータとほぼ同じトルク-回転数特性（図3.12参照）をもち，したがって，そのトルクは電流に比例して増加する。

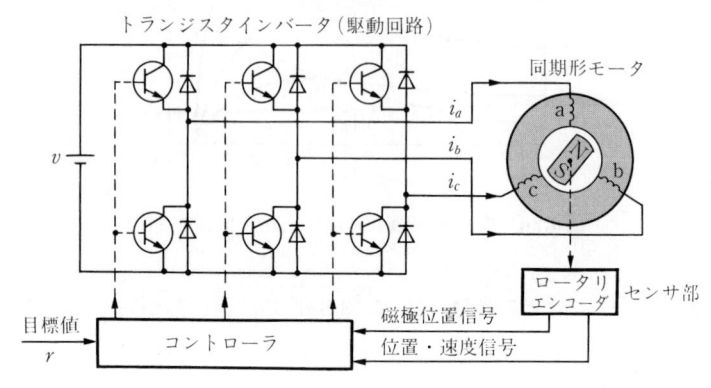

図3.28 ブラシレス直流サーボモータの構成図

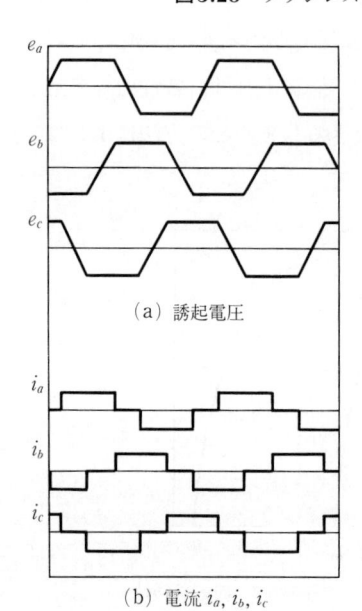

図3.29 ブラシレス直流サーボモータの通電シーケンス

(a) 誘起電圧

(b) 電流 i_a, i_b, i_c

構成上は，**図3.28**に示されるように，同期形モータ，電流を供給するための駆動回路（トランジスタインバータ）およびセンサ部の三つの要素から構成されている。同期形モータにおいては，回転磁界を回転子と同期して回すために，コイルの誘起電圧と同相になるように電流を流すことが基本となる。図示のブラシレスモータは3相形（コイルa，b，c）であることから，この場合には，各相の誘起電圧（e_a，e_b，e_cとする）に同期させて120°ごとに通電相を切換えねばならない。そのために，磁気位置をセンサで検出し，その信号に基づいて各相の駆動電流i_a，i_b，i_cを正・逆極性に切換制御する。このときの通電シーケンス（順序）を**図3.29**[4]に示す。

3.4　ステッピングモータ

　ステッピングモータ（stepping motor）はパルスモータ（pulse motor）とも呼ばれ，一つの入力パルスに対して一定の角度（ステップ角という：step angle）だけ回転するモータである。したがって，モータの出力回転角度は入力パルスの数に比例し，回転速度はパルス周波数に比例する。このように，入力信号のパルス数とパルス周波数を制御することによって回転角と回転数を直接に制御できることから，センサを必要としない，開ループ（open loop）による制御が可能となる。また，その駆動がパルス信号によってなされることから，ディジタル制御装置との組合せが容易となる。

　以上のような特長をもつステッピングモータは，コンピュータの周辺装置，OA機器，NC工作機械をはじめ，多方面に使用されている。

3.4.1　ステッピングモータの種類と構造

　ステッピングモータには，固定子および回転子の構造や構成法によってさまざまな形式がある。固定子側に設けられた励磁コイルの相数によって2相〜5相の形に分類され，また機械的構造から，各相の磁気回路を軸方向に直列に配置した多層形と，各相を一つの鉄心上に平面的に配列した単層形がある。一般

的には，磁気回路の形式に基づいて，永久磁石形（permanent magnet type：PM形），可変リラクタンス形（variable reluctance type：VR形）および複合形（hybrid type：HB形）の3種類に大別される。

ステッピングモータは，構造的には多極の同期形モータと考えることができ，上記の3種類は，それぞれ永久磁石形，リラクタンス形および誘導形の同期モータに対応する。

PM形，VR形およびHB形ステッピングモータの断面構造図を**図3.30**（a），(b)，(c) に示す[7]。PM形は円周方向に磁化された永久磁石の回転子と固定子コイルをもつ。VR形は鉄心を歯車状に加工した回転子と固定子コイルをもつ。HB形は，回転子の外周および固定子の内周に多数の歯が切ってある。しかも，回転子には軸方向に磁化された永久磁石が組み込まれており，PM形とVR形の複合（ハイブリッド）形である。

(a) 永久磁石形 (PM形)　　(b) 可変リラクタンス形 (VR形)　　(c) 複　合　形 (HB形)

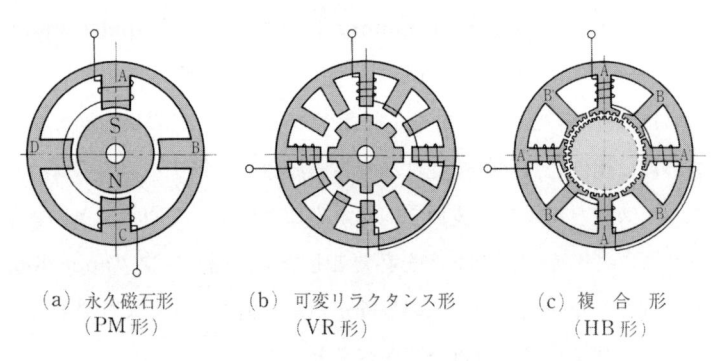

図3.30　ステッピングモータの種類（断面構造図）[7]

一般に，コンピュータの周辺機器やOA機器に大量に用いられているステッピングモータはPM形が多く，VR形やHB形モータは，中，大形のモータとして採用されることが多い。これら3種類のステッピングモータについて，その特徴点を概略的に比較すると**表3.2**のように示される。

ステッピングモータのおもな長所はつぎの点にある。

(1) 入力パルス数に比例した回転角度と，入力パルス周波数に比例した回転速度が得られる。

表3.2　各種ステッピングモータの特徴

	PM形	VR形		HB形
固定子の構成	プレス成型	多層形	単層形	単層形
ステップ角度	7.5～90°	0.36～15°	0.9～15°	0.9～7.5°
トルク	小	大	中	中～大
駆動周波数	小	大	中	中

(2) 1ステップ当りの回転角誤差が小さいため，高精度の位置決めが可能であり，また角度誤差は累積されない．

(3) 始動，停止，正・逆回転が容易で，高速応答が可能である．

(4) 開ループによって制御できるので，システム構成が簡素化される．

(5) ブラシなどの機械的接触部がないため，保守が容易で長寿命である．

(6) ディジタル制御に適し，しかも速度制御の範囲が広い．

これらの特長点のほか，つぎのような間欠駆動を行わせることもできる．すなわち，一定数のパルスを入力し，必要な角度の移動をさせた後，その位置に停止・保持させることができる．この停止・保持機能は，移動後の時点で励磁電流を流し，それによって発生する保持トルク（ホールディングトルク：holding torque）によって行われる．

ステッピングモータのおもな短所はつぎの点にある．

(1) 第1の短所としては，共振現象の問題があげられる．共振は，モータの駆動中に，ある狭い速度領域で急に大きな振動が現れ，これに伴って出力トルクが急激に落ち込むなどの現象として現れる．また，ある場合には逆転やミススリップを起こす．この共振現象は，回転子の固有角周波数に入力パルスの周波数が一致して生ずるものである．その発生条件は，慣性負荷や摩擦の大きさによって異なるが，共振の影響を減ずる（または避ける）には，① 負荷の運転速度またはモータの速度を変える，② 慣性負荷や摩擦の大きさを調整する，③ モータの励磁方式を変える，④ 電気的または機械的ダンパを付ける，などの方法が考えられる．

(2) 第2の短所としては脱調の問題がある．起動のためのパルス周波数を高

くし過ぎると，起動時の遅れにより，入力パルスに追従できず，同期に引き込めずに脱調してしまう。

なお，ステッピングモータの発生トルクは，直流または交流サーボモータのそれに比べて，一般的に小さい。

3.4.2 ステッピングモータの作動原理
[1] PM形ステッピングモータ

PM形ステッピングモータは，固定子と励磁コイル，および永久磁石の回転子によって構成され，電磁石と永久磁石によって生ずる吸引力と反発力の相互作用によってトルクを発生する。一般にステップ角の大きいもの（7.5°～90°）が多く，効率は高い。

図3.30（a）はステップ角が90°の4相（A，B，C，D相）モータであり，つぎのように回転する。まずコイルA相を励磁するとA相のN極と回転子のS極が引き合う。つぎにB相に励磁を切換えれば，回転子のS極がB相のN極に引きつけられて90°回転して安定する。以下，励磁相をつぎつぎに切換えていけば，回転子は90°ずつ時計方向に回転する。また，励磁の順序を逆にすれば，回転子は反時計方向に回転する。

[2] VR形ステッピングモータ

VR形モータは，電磁石（固定子）が鉄心（回転子）を吸引する電磁力を利用してトルクを発生するもので，**図3.31**[7]に示されるように固定子と回転子が歯をもつ構造になっている。この両歯数に適当な差をつけることによって，滑らかな回転とステップ角の減少が得られる。図3.31はステップ角が15°の3相（A，B，C相）モータであり，固定子および回転子の歯数はそれぞれ12個および8個となっている。励磁コイルは，A相とA′相がたがいに逆極性になるように巻線されており，この関係はB相とB′相およびC相とC′相においても同様である。各相コイルへの励磁を，A→B→C→A′→B′→C′相と順次に切換えるものとする。いま，A相のみを励磁したときは，回転子歯との位置関係が図の状態（極Aに歯aが引き込まれた状態）で安定する。つぎにB相に励磁を

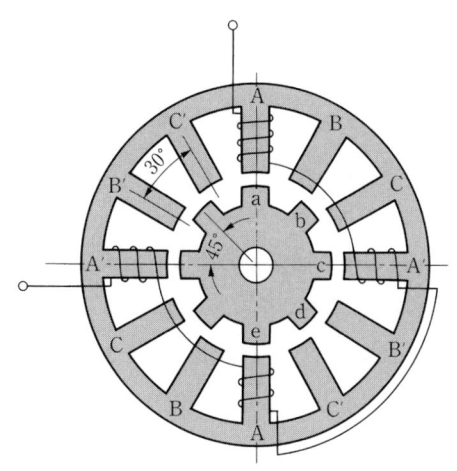

図3.31 可変リラクタンス形
（VR形）[7)]

切り換えると，極Bに最も近い歯bが（極Bの方向に）吸引され，その結果，極Bに歯bが引き込まれた状態となる。このように励磁を繰り返すことによって，回転子は反時計方向に一定のステップ（ステップ角：15°）ずつ回転する。

上記の二つの例では，固定子のコイルにはつねに一方向の電流しか流しておらず，固定子の歯には特定の極しか現れない。このような励磁法をユニポーラ（uni-polar）励磁法という。これに対して，コイルに双方向の電流を流し，一つの歯にS，N極が現れるような励磁法をバイポーラ（bi-polar）励磁法という。一般に，バイポーラ励磁による駆動は，ユニポーラ励磁に比べて効率がよい。この点は，PM形モータについて特に顕著となる。

［3］HB形ステッピングモータ

HB形モータは，トルク発生の原理はPM形モータと同じであるが，固定子と回転子に歯をもつ形状がVR形に類似しており，その意味でPM形とVR形との複合形である。通常，このモータでは，ステップ角を小さくするために，多数の歯をもつ構造となっている。

図3.30 (c) に示す2相（A，B相）のHB形モータをもとにその作動原理を考える。励磁コイルは，A相とA′相がたがいに逆極性になるように巻線されており，この関係はB相とB′相においても同様であるとする。また各相コイルへの励磁を，A→B→A′→B′相と順次に切換えるものとする。

図3.32 (a), (b), (c) は，固定子と回転子の関係を表した展開図であり，回転子の歯は，図示のように，S極側（白色の歯）とN極側（黒色の歯）が隣合って配列されている。まず図 (a) は，A相のコイルがN極に励磁された状態であり，このときA相側の固定子に対向する回転子のS極歯が吸引されて，上下の歯が重なる（このとき，回転子のN極側の歯は反発し合ってずれている）。このとき，隣接するB相側固定子の歯と回転子の歯は，たがいに半ピッチずつずれた状態にある。つぎにB相のコイルをN極に励磁すると（図 (b)），半ピッチ分ずれていた回転子S極の歯が固定子側に引き寄せられる。次いで，A′相のコイルをN極に励磁すると（図 (c)），回転子のS極側で半ピッチ分ずれていた歯が固定子側に吸引され，上下の歯が一致した位置で停止する。このように励磁を繰り返すことによって，回転子は一定のステップ角で回転する。

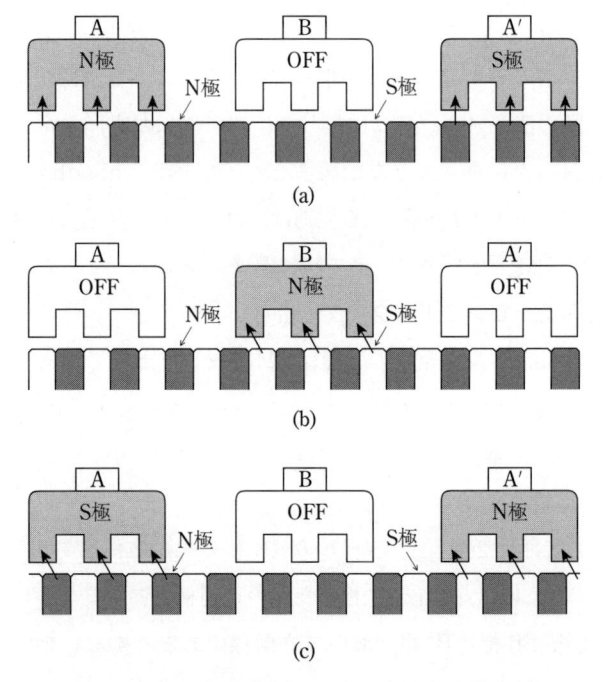

図3.32 複合形（HB形）ステッピングモータの作動原理

3.4.3 ステッピングモータの特性

ステッピングモータのトルク-回転数特性は，一般に**図3.33**に示すような特性となる．図の横軸には，回転数に相当する単位がpps（pulse per second の略）と記されているが，これはモータを駆動するパルス信号の周波数を表し，1秒当りのパルス数で示されている．図のようなトルク-周波数特性をもとに，つぎのような尺度によってモータの動特性を評価する．

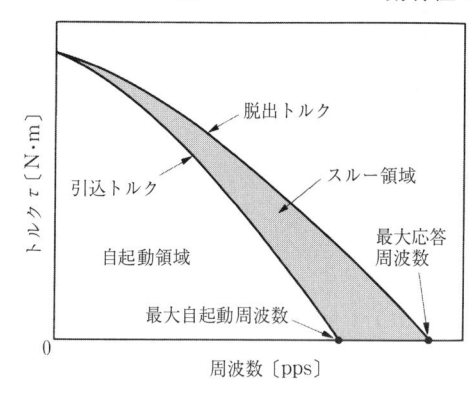

図3.33 ステッピングモータのトルク-回転数特性

[1] 引込みトルク（pull-in torque）

ステッピングモータに必要とされる応答性能は，入力パルス周波数に同期して出力が1対1に対応しながら応答する（起動・停止する）ことである．これが可能な応答領域内でのあるパルス周波数についてみたとき，その周波数で起動させることのできる最大の負荷が存在するはずである．このときのトルクを引込みトルクという．また，この引込みトルク内の領域を自起動領域（start stop region）という．

したがって，この自起動領域内であれば，瞬時的にかつ精確に，モータを起動，停止または逆転させることができる．この自起動領域は負荷に大きく影響され，負荷が大きくなるにつれて領域は狭くなる．

[2] 脱出トルク（pull-out torque）

自起動領域を越えて，入力パルス周波数を一定にしたままで負荷を増大させたとき，あるいは負荷を一定にしたままでパルス周波数を増大させるとき，モ

ータが同期回転できなくなる限界のトルクが存在する。このときのトルクを脱出トルクという。

[3] スルー領域（slew region）

自起動領域を越えて入力パルス周波数を徐々に増加させたとき，または負荷トルクを加えていったとき，モータが同期を失わずに応答できる領域をいう。この領域でステッピングモータを駆動するには，入力パルス周波数を徐々に加速または減速する操作（slow up down）が必要となる。

[4] ホールディングトルク（holding torque）

モータの特定の相を固定励磁したときに発生するトルクで，1相励磁以外の励磁法でも定義することができる。このトルクはステッピングモータの発生するトルク中で最も大きな値となり，これをもとに停止・保持できる負荷トルクの目安とする。

[5] 最大自起動周波数（maximum start stop pulse rate）

引込みトルクがゼロになるときの自起動周波数である。すなわち，無負荷状態において，入力パルス周波数に同期して瞬時的に起動することのできる最大周波数をいう。したがって，この値を越えた周波数で起動させれば，脱調を生ずることになる。

[6] 最大応答周波数（maximum slewing pulse rate）

無負荷でモータを起動させた後，入力パルス周波数を増大させたとき，脱調することなく起動，停止，逆転できる最大の周波数をいう。

[7] 過渡応答

1パルスのみの入力信号を与えたときの回転子の過渡応答をさす。1パルスのみを入力したときの応答とは，所定のステップ角を目標値とするステップ応答にほかならず，したがってこの応答波形によって速応性や安定性を評価することができる。ステッピングモータの場合，この応答が振動的（減衰振動波形）になることから，減衰率の大きさにも留意せねばならない。

例題 3.4　ステッピングモータへの入力信号uを図3.34のようなパルス列波形で与えたとき，出力としての回転速度 ω〔pps〕は定性的にどのような波

図 3.34 ステッピングモータへの入力信号 u

形となるか。

解　答　ステッピングモータの回転速度は入力パルス周波数に比例するので，定性的に**図 3.35**のような波形となる。

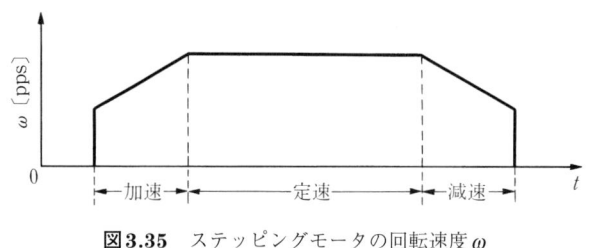

図 3.35 ステッピングモータの回転速度 ω

3.4.4　ステッピングモータの駆動方法

［1］励磁方式

ステッピングモータは，通常3相以上のコイルが設けられており，これらの相の励磁の仕方によって各種の方法がある。

（a）**1相励磁方式**　　各相を1相ずつ順に切換える方式である。この方式によれば，モータは基本ステップ角で回転する。この励磁法は最も基本的な励磁方式であり，先の説明における励磁もすべてこの方法に基づくものとした。4相モータ（$\phi 1 \sim \phi 4$の相）に対して1相励磁方式を用いたときの切換の順序を**表 3.3**（a）に示す。

この方式は，消費電力が少なく，また1ステップ当りの角度精度が良いなどの特長がある。一方，ステップごとの進行時に回転子がオーバーシュートするため，乱調しやすい傾向がある。

（b）**2相励磁方式**　　1相励磁方式が，各相を1相ずつ順次励磁していく方式であるのに対して，隣合う2相を同時に励磁し，1回に一つの相の励磁を切換

表3.3 ステッピングモータ励磁方式

(a) 1相励磁方式

相＼STEP	1	2	3	4
$\phi 1$	ON			
$\phi 2$		ON		
$\phi 3$			ON	
$\phi 4$				ON

(b) 2相励磁方式

相＼STEP	1	2	3	4
$\phi 1$	ON			ON
$\phi 2$	ON	ON		
$\phi 3$		ON	ON	
$\phi 4$			ON	ON

えていく方式を2相励磁方式という。この方式における切換の様子を表3.3(b)に示す。表中のSTEP1の状態では，回転子は，1相励磁におけるSTEP1とSTEP2の状態の中間点で静止する。同様にSTEP2では，1相励磁におけるSTEP2とSTEP3の状態の中間点で静止する。ただし，入力ステップに対するモータの出力ステップ角は1相励磁方式の場合と同じである。

この方式はつねに2相が励磁されているため，1相励磁方式に比べてコイルの利用効率が高く，同一のモータ電源電圧に対して，より高い出力を得ることができる。また回転子のオーバシュートなどの振動的な性質に対しても有利に働くため，多くの場合，この励磁方式が用いられる。一方，入力パワーと出力パワーの比，つまり電源の利用効率という点からは1相励磁に比べて一般的には劣る。

(c) 1-2相励磁方式 1相励磁と2相励磁とを交互に繰り返す方式である。すなわち，STEP1の状態では，回転子は，1相励磁におけるSTEP1の状態で静止する。次いでSTEP2では，2相励磁におけるSTEP1の状態で静止する。したがってこの方式では，基本ステップ角の1/2のステップ角で駆動できることから，高い分解能を得たい場合や，駆動を滑らかに行いたい場合に有効である。

[2] ユニポーラ駆動方式とバイポーラ駆動方式

[1]で述べた各種の励磁方式は，各相への通電シーケンスをどのように組むかという点に着目した分類であるが，さらに各コイルへの通電方向による分類がある。その基本的な方法は，固定子のコイルにつねに1方向の電流のみを流して単一の励磁状態で使用するユニポーラ駆動方式である。

これに対して，コイルに双方向の電流を流して二つの励磁状態を与える駆動方式があり，これをバイポーラ（bi-polar）駆動方式という。ユニポーラ駆動はVR形，HB形モータに多く用いられる。

一般にバイポーラ駆動方式は，駆動回路がやや複雑になるものの，ユニポーラ駆動方式に比べて効率が良く，また大きなトルクが得られる。バイポーラ駆動におけるこのような特長は，PM形モータに対して特に顕著となる。

[3] 駆動回路

ステッピングモータを駆動するためには，**図3.36**に示すように，信号回路，論理回路，電力制御回路が必要とされる（通常，論理回路と電力制御回路は一体化されており，これは駆動回路またはドライバと呼ばれる）。

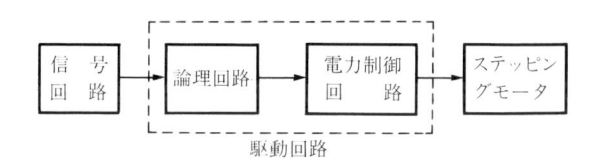

図3.36 ステッピングモータ駆動システムのブロック線図

信号回路では，モータ駆動のための指示量（正転か逆転か，および回転角度，速度などの大きさ）に基づき，パルス信号を出力する。論理回路は，信号回路からの信号を判読・分配し，モータの各コイルを定まった順序で励磁するための回路である。

電力制御回路は，論理回路からの信号を電力増幅しモータを駆動する。その駆動方式として，先述のユニポーラ方式かバイポーラ方式が選ばれる。

例題 3.5　ステッピングモータに発生する共振現象を避ける方法について考察せよ。

解　答　ステッピングモータの共振は構造上からもたらされるもので，完全に防止することはできない。しかし，つぎの方法によって部分的に避けたり，軽減することができる。

(1) 使用速度の調整

共振は回転系の固有角周波数と入力パルス周波数が一致したときに発生する。した

がって，負荷の運転速度を変えたり，減速比を変えるなどして，モータの速度を調整することにより，共振を避けることができる。

(2) 負荷の調整

負荷に作用する摩擦を増加させれば，共振時の振幅を小さくすることができる。そのための機械的要素として，機械式ダンパが用意されている。

また，負荷質量の大きさを変えてやれば回転系の固有角周波数が変化するから，共振点を避けることができる。

(3) モータの印加電圧を低くする

共振時の振幅は印加電圧にほぼ比例して増加するから，印加電圧を低くすることによって共振の影響を小さく抑えることができる。

(4) その他の方法

そのほかに，① 励磁方式を変える，② モータの種類を変える，③ 振動エネルギーを電気的に吸収するための回路（電気式ダンパ）を駆動回路に付け加える，などの方法が考えられる。

|例題 3.6|　ステッピングモータを使用すれば，開ループによる制御が可能となる。それにもかかわらず，直流または交流サーボモータを用いた閉ループ制御方式が多用される理由を考えよ。

|解 答|

(1) 直流または交流サーボモータでは，ステッピングモータよりも大きな加速・減速トルクを出すことができ，また脱調することなく高速応答をする。

(2) モータの回転がパルス状に変化することなく，スムーズな動きをする。

(3) 機械的な共振を生じない。

演 習 問 題

【1】 直流サーボモータに対する関係式 (3.13)，(3.16)，(3.21) から，式 (3.27) の伝達関数が導かれることを確認せよ。

【2】 式 (3.6) によれば，磁気力 F は次式のように表される。

$$F = \frac{N^2 i^2}{2} \frac{dp}{dx} \tag{3.38}$$

式 (3.38) の p ($= 1/R$, ここに $R = R_1 + R_2$) に，式 (3.2) を代入して x で微分すると式 (3.7) が得られることを確認せよ。

油圧アクチュエータ

　油圧アクチュエータ（hydraulic actuator）は，作動油のもつ流体エネルギーを機械エネルギーに変換して，直進，回転，揺動の各運動をもたらすものである。その特長としては，① 制御がしやすく応答性能も優れている，② 小形・軽量ながら大きなパワーをもたらす（力/質量比やパワー密度が大きい），③ 連続的な速度制御（無段変速）が容易，などの点があげられる。これらの特長を生かした油圧アクチュエータの適用は，航空機や船舶（操舵系の制御），各種の産業用ロボット，パワーショベルなどの建設機械，自動車，工作機械，製鉄設備などに見られるように，広範な分野に及んでいる。

　近年における油圧アクチュエータ技術の新たな動向として，コンピュータまたはエレクトロニクス技術との融合化がある。その発展状況にはめざましいものがあり，従来の油圧アクチュエータは電子制御を取り入れた電子油圧アクチュエータへと大きく変貌を遂げつつある。こうした成果の好適な活用例は，最近の自動車技術の分野に見いだすことができる。すなわち，自動車の基本性能を大幅に向上させることを目指してのオートマチックトランスミッション（AT），4輪駆動（4WD），4輪操舵（4WS），4輪アンチスキッドブレーキ（4WAS），アクティブサスペンション（A-SUS）などの新機軸開発・実用化の成功は，いずれも電子油圧アクチュエータの成果に依存している。

4.1　油圧システムの基本構成

　油圧シリンダに代表される油圧アクチュエータの駆動システム（油圧システム）は，一般的に，つぎのような変換要素または制御要素によって構成される。

　(1) 電気モータ：電気的パワー（＝電流×電圧）を機械的回転パワー（＝

トルク×角速度）に変換する要素。
(2) 油圧ポンプ：上記の機械的パワーを流体的パワー（＝流量×圧力）に変換する要素。
(3) 管路：電気システムにおける送電線（電気的パワーまたは信号の伝達要素）に相当するもので，流体パワーまたは信号を伝達する要素。
(4) 制御弁：流量，圧力，または油流の方向を制御する要素で，基本的には，流量制御弁，圧力制御弁，方向制御弁の3種類の弁がある。
(5) 油圧アクチュエータ：制御弁によって制御された流体的パワーを，再び機械的（直進または回転）パワーに変換し，所要の変位（方向），速度，力，トルク，角速度を出力する要素。

油圧システムの基本的な構成をブロック線図によって**図4.1**に示す。また，油圧用のJIS記号によって表示した油圧システムの代表例を**図4.2**に示す。図4.2中の各記号は，① 電気モータ，② 油圧ポンプ，③ 管路，④ リリーフ弁（ポンプからの吐出圧力をある設定値以下に抑えるための弁），⑤ 制御弁（図には，電磁ソレノイド駆動方式の4ポート3位置形制御弁を例示。図3.3参照），⑥ 油圧シリンダ，⑦ 油タンクを表す。

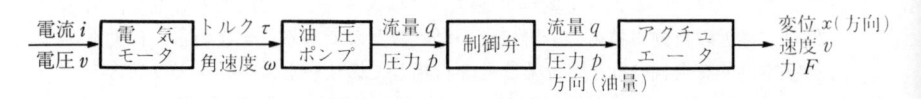

図4.1 油圧システムの基本構成

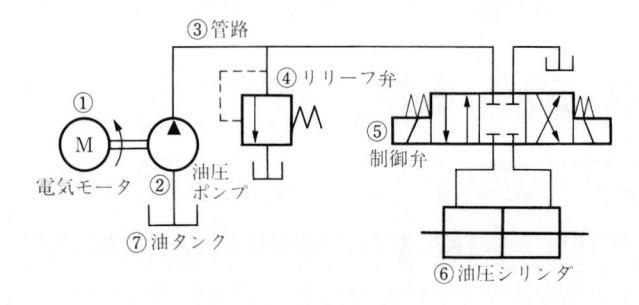

図4.2 油圧用のJIS記号表示による油圧システムの代表例

油圧アクチュエータの電子制御（電子-油圧制御）とは，例えば図4.2中の⑤に相当する制御弁を，サーボ弁，電磁比例制御弁，または高速オンオフ電磁弁など，コンピュータと相性の良い弁に代えて，これをコンピュータによって制御するものである。

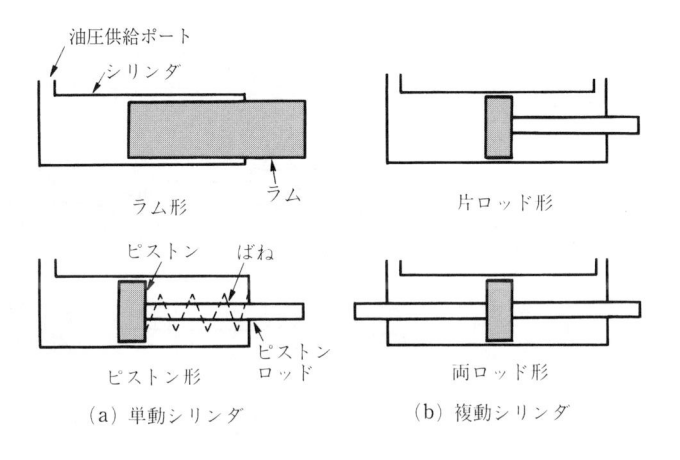

4.2 油圧シリンダ

4.2.1 油圧シリンダの基本的分類

油圧シリンダは，構造が簡単で大きなパワーが得られることから，直進運動形アクチュエータとして広範に用いられている。油圧シリンダは，ピストンの駆動に際して，ピストンの片側の面のみか，それとも両面に油圧力を作用させるかによって，単動シリンダ（single acting cylinder）と複動シリンダ（double acting cylinder）に分けられる。それらの代表的な構造概略図を**図4.3**に示す。単動シリンダの場合，戻り行程に必要な力は，駆動される負荷や重力，または図中の破線で示されるようなばねなどによってもたらされる。

サーボシステム用の油圧シリンダとしては，その機能上，もっぱら複動シリンダが用いられる。片ロッド形シリンダを両ロッド形と対比してみると，前者

図4.3 油圧シリンダ

は設置スペースを節約でき，また低価格であることから，比較的多く用いられている。一方，ピストンの受圧面積に差がある前者の場合，往きと戻り行程における速度および駆動力に差異が生ずるため，制御のしやすさという点では後者よりも劣っている。それゆえ，高い制御性能が要求されるサーボアクチュエータ用としては，両ロッドシリンダの方が適している。

4.2.2 油圧シリンダの基本的構造

代表的な油圧シリンダの構造図を**図4.4**に示す[1]。図には複動シリンダが示されており，おもな構成要素は，シリンダチューブ①，ピストン②，ピストンロッド③，パッキン⑦，⑮，Oリング⑧，⑨などである。設計上の留意事項としては，耐圧下における摺動部のパッキン特性（シール，潤滑，摩擦，温度変化への配慮を必要とする），ストロークエンドにおけるクッション機構（例えば図におけるクッションリング⑤），ピストンロッドの圧縮・引っ張り・曲げ・座屈強度，最低作動圧力（ピストンが動き始めるときの圧力），低速駆動時に発生しやすいスティックスリップ現象，大負荷・高速駆動時に発生しやすいキャビテーション，などの点があげられる。

通常，油圧シリンダに供給される圧油の圧力，流量，および方向は，その上流側に設置された各種の制御弁によって制御される。したがって油圧シリンダ

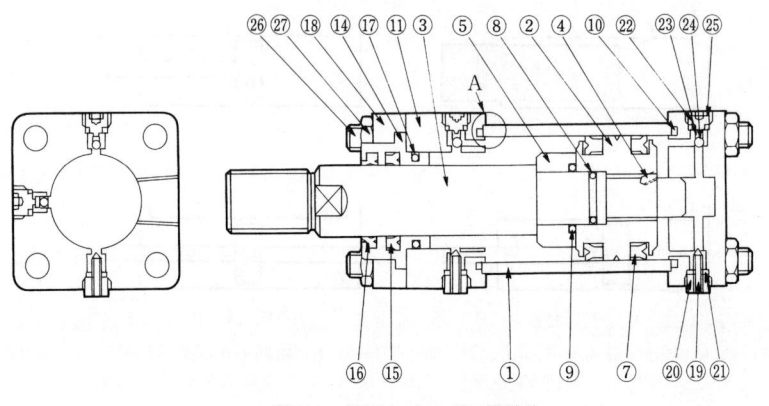

図4.4 油圧シリンダの構造[1]

の動特性に対しては，この制御弁の機能や性能が大きく影響する．

4.2.3 油圧シリンダの基本的特性

図4.5に示される油圧シリンダにおいて，ピストン両側の有効断面積をA_1，A_2とするとき（図示の場合，$A_1 = A_2$），ピストンの駆動力Fは次式で与えられる．

$$F = p_1 A_1 - p_2 A_2 \ [\mathrm{N}] \tag{4.1}$$

ただし，p_1 [Pa]，p_2 [Pa] はピストン前後の圧力である．

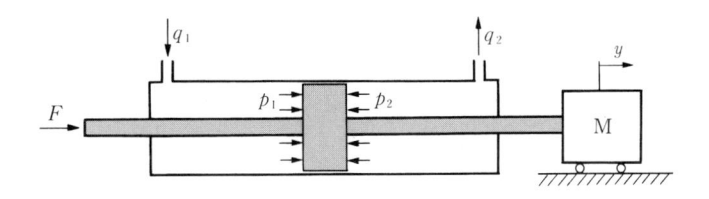

図4.5 油圧シリンダの作動原理

実際には，摺動部のパッキンなどによる抵抗が存在するため，負荷を駆動するために伝えられる力F_L（シリンダ出力という）は次式のように表される．

$$F_L = \lambda F = \lambda (p_1 A_1 - p_2 A_2) \tag{4.2}$$

ただし，λ：シリンダの推力効率である．したがって，$A_1 = A_2 = A_p$のときF_Lは次式となる．

$$F_L = \lambda A_p (p_1 - p_2) \tag{4.3}$$

いま，油の圧縮性を無視できるものと仮定し，シリンダへの流入量（体積流量）をq_1 [m³/s]，シリンダ内部および外部の油漏れ総量をΔqとする．このとき，ピストン速度vは式 (4.4) で表される．

$$v = \frac{q_1 - \Delta q}{A_p} \tag{4.4}$$

ただし，漏れ量Δqは次式で与えられる（漏れ係数をc_Lとする）．

$$\Delta q = c_L (p_1 - p_2) \tag{4.5}$$

またシリンダの出力パワーWは次式で表される．

$$W = Fv \quad [\text{N·m/s}] \tag{4.6}$$

4.2.4 油の圧縮率と体積弾性係数

油の圧縮率(圧縮のされやすさ)は,圧力変化 Δp に基づく容積変化 ΔV を用いて,つぎのように定義されている。

$$\beta = \frac{1}{K} = -\frac{\Delta V/V}{\Delta p} \quad [\text{Pa}^{-1}] \tag{4.7}$$

ただし,β:圧縮率(compressibility),K:体積弾性係数(bulk modulus)〔Pa〕,V:元の容積,p:圧力,を表す。すなわち,式 (4.7) は,圧力が p のとき容積 V であった液体が,圧力を Δp だけ上昇させたとき,容積が ΔV だけ変化(減少)したときの関係をもとに定義されている(ΔV が減少のとき,$\Delta V<0$ となるから,$\beta>0$ となる)。

例題 4.1 図4.6に示す油圧シリンダにおいて,流入流量を q,ピストンの変位を y,ピストンの有効断面積を A_p,シリンダ容積を V,圧力を p とする。油の圧縮性を考慮に入れたときの流量の連続式が,次式で与えられることを確認せよ。

$$q = A_p \frac{dy}{dt} + \frac{V}{K} \frac{dp}{dt} \tag{4.8}$$

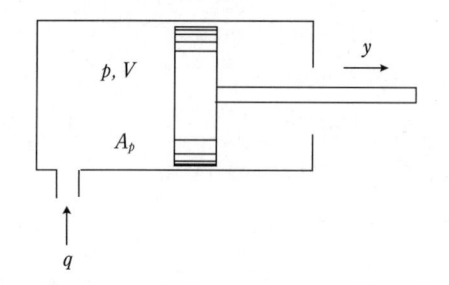

図4.6 油圧シリンダ

解 答 まず,式 (4.7) を時間 t で微分すれば

$$-\frac{dV}{dt} = \frac{V}{K} \frac{dp}{dt} \tag{4.9}$$

が得られる。また,流量に関する連続の関係は式 (4.10) で表される。

$$q = -\frac{dV}{dt} + A_p \frac{dy}{dt} \tag{4.10}$$

式 (4.9) を式 (4.10) に代入すれば式 (4.8) が得られる。

4.2.5 油圧シリンダの駆動特性

油圧シリンダを用いてサーボシステムを構成し，これを高速で制御する場合には，油の圧縮性に起因して，しばしばシステムが不安定となることもありうる。そこで，図4.5に示される油圧シリンダをもとに，油の圧縮性を考慮に入れたときの駆動特性を考える。

まず，式 (4.8) によれば，流入側および流出側の各シリンダ室に対して，流量の連続に関するつぎの各式が成り立つ。

$$q_1 = A_p \frac{dy}{dt} + \frac{V_1}{K} \frac{dp_1}{dt} \tag{4.11}$$

$$q_2 = A_p \frac{dy}{dt} - \frac{V_2}{K} \frac{dp_2}{dt} \tag{4.12}$$

ただし，V_1, V_2：シリンダ各室の容積である。

ここに，容積V_1, V_2は，V_{10}, V_{20}を初期容積として，それぞれ次式で表される。

$$V_1 = V_{10} + A_p y, \qquad V_2 = V_{20} - A_p y \tag{4.13}$$

つぎに負荷を含むピストンの運動方程式は次式で与えられる。

$$M \frac{d^2 y}{dt^2} + c_p \frac{dy}{dt} + f_F = A_p (p_1 - p_2) \tag{4.14}$$

ただし，M〔kg〕：質量，c_p〔N・s/m〕：粘性減衰係数，f_F〔N〕：クーロン摩擦力である。

ここにクーロン摩擦力 (Coulomb friction) f_F が図4.7のような特性で表されるものとすれば，f_Fは式 (4.15) のような関係式で与えられる。

$$f_F = \begin{cases} f_d \operatorname{sgn}(\dot{y}) : \dot{y} \neq 0 \text{ のとき} \\ f_s \operatorname{sgn}(f_p) : \dot{y} = 0, |f_p| > f_s \text{ のとき} \\ f_p : \dot{y} = 0, |f_p| \leq f_s \text{ のとき} \end{cases} \tag{4.15}$$

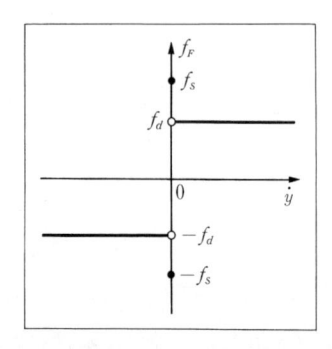

図4.7 クーロン摩擦力f_Fとピストン速度$\dot{y}$

ただし，f_pは式（4.16）で表される。

$$f_p = A_p(p_1 - p_2) \tag{4.16}$$

4.3 油圧モータ

4.3.1 油圧モータの分類

油圧ポンプは，電気モータから回転運動を得て，その機械的パワー（トルク×角速度）を流体的パワー（流量×圧力）に変える変換器である。

いま，この変換器に対する入出力変数を入れ換えて，流量と圧力を（ポンプに）与えてやれば，トルクと角速度の2変数を出力する油圧モータが原理的に作りだされる。このように，たがいに逆作用の関係にあることから，油圧モータは油圧ポンプの場合と同様に分類され，また構造についても両者は基本的に同じである。

油圧モータは，大別して，歯車モータ（gear motor），ベーンモータ（vane motor），およびピストンモータ（piston motor）に分けられ，ピストンモータにはラジアルピストンモータ（radial piston motor）とアキシャルピストンモータ（axial piston motor）の2種類がある。また，油圧ポンプにおける定容量形ポンプ（1回転当りの押しのけ容積が一定のポンプ）と可変容量形ポンプ（運転中にそれを変化させうる形式）に対応して，油圧モータには，定容量形モータ（fixed displacement motor）と可変容量形モータ（variable displacement motor) がある。先の分類中, 可変容量形とすることが可能なものは, ベーンモータとピストンモータである。油圧モータの分類表を**表4.1**に示す。

表4.1 油圧モータの分類

歯車モータ (定容量形)
ベーンモータ (定容量形, 可変容量形)
ピストンモータ ─┬─ ラジアルピストンモータ (定容量形, 可変容量形)
　　　　　　　　└─ アキシャルピストンモータ (定容量形, 可変容量形)

4.3.2 油圧モータの基本的特性[2)]

[1] 容積効率 (volumetric efficiency)

漏れがないと仮定したときのモータから流出する流量を理論流量 q_{th} と呼ぶことにし, 1回転当りの押しのけ容積を V, 1秒当りの回転数を n とすると, q_{th} は式 (4.17) で表される。

$$q_{th} = nV \tag{4.17}$$

図4.8に示すように, 実際のモータでは, 摺動部などのすきまから流れ出る漏れ流量 Δq が存在する。このとき, 実際の流入流量 q は式 (4.18) のようになる。

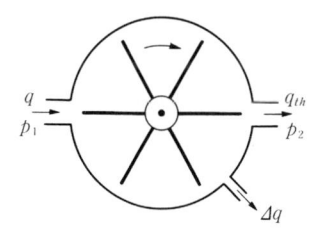

図4.8 油圧モータ

$$q = q_{th} + \Delta q \tag{4.18}$$

ここに漏れ量 Δq は, 押しのけ容積 V, 圧力差 Δp $(=p_1-p_2)$ および油の粘度 μ 〔$N \cdot s/m^2$〕(viscosity:粘性係数ともいう) の関数として, 近似的に式 (4.19) のように表すことができる。

$$\Delta q = c_L \frac{V \Delta p}{\mu} \tag{4.19}$$

ただし，c_L は漏れ係数（無次元）である。

上式を用いれば，実際の流入流量 q は式（4.20）のように与えられる。

$$q = q_{th} + c_L \frac{V\Delta p}{\mu} \tag{4.20}$$

式（4.17），（4.20）によれば，容積効率 η_v（漏れの程度を表す）は式（4.21）のように与えられる。

$$\eta_v = \frac{q_{th}}{q} = \frac{1}{1 + c_L \Delta p / (\mu n)} \tag{4.21}$$

[2] トルク効率（torque efficiency）

摩擦が存在しないと仮定したときのモータの出力軸に生ずるトルクを理論トルク τ_{th} と呼ぶことにする。このとき，1回転の間に圧油がモータに与える仕事（$= \Delta p V$）と出力軸から生ずる仕事（$2\pi \tau_{th}$）が等しくなることより，τ_{th} は式（4.22）で与えられる。

$$\tau_{th} = \frac{\Delta p V}{2\pi} \quad [\text{N·m}] \tag{4.22}$$

実際のモータでは，摺動部などに作用する摩擦のため，損失トルク $\Delta \tau$ が存在する。このとき，実際の出力トルク τ は式（4.23）のようになる。

$$\tau = \tau_{th} - \Delta \tau \tag{4.23}$$

摩擦力としては，摺動部における粘性摩擦力（$\propto \mu n$）と軸受などにおける乾性摩擦力（$\propto \Delta p$）がおもなものであり，これらによる損失トルクは式（4.24）で表される。

$$\Delta \tau = \frac{V}{2\pi} (c_v \mu n + c_f \Delta p) \tag{4.24}$$

ただし，c_v, c_f は摩擦係数（無次元）である。

上の2式（4.23），（4.24）によれば，トルク効率 η_t は式（4.25）のように与えられる。

$$\eta_t = \frac{\tau}{\tau_{th}} = 1 - \frac{\Delta \tau}{\tau_{th}} = 1 - \left(c_v \frac{\mu n}{\Delta p} + c_f \right) \tag{4.25}$$

式 (4.25) から，Δp を大きくするほど効率 η_t は増加することがわかる。

[3] **全効率**（**overall efficiency**）

全効率とは，モータに供給されるパワーと出力軸から実際に取り出されるパワーとの比をいい，式 (4.26) のように表される。

$$\eta = \frac{\text{出力パワー}}{\text{供給パワー}} = \frac{2\pi n \tau}{\Delta p q} \tag{4.26}$$

式 (4.26) に対して，式 (4.17)，(4.22) の関係を用いれば，η は結局，容積効率とトルク効率の積として，式 (4.27) のように表される。

$$\begin{aligned}\eta &= \frac{nV}{q} \frac{2\pi\tau}{\Delta p V} = \frac{q_{th}}{q} \frac{\tau}{\tau_{th}} = \eta_v \eta_t \\ &= \frac{1 - c_f - c_v \mu n / \Delta p}{1 + c_L \Delta p / (\mu n)}\end{aligned} \tag{4.27}$$

式 (4.21)，(4.25)，(4.27) によって表される3種の効率 η_v, η_t, η を，横軸に $R = \Delta p/(\mu n)$ を取って表すと**図4.9**[2] のようになる。図によれば，漏れ損失と摩擦損失の各性質に基づき，R に対する η の特性には最大値 $\eta_{\max}$ が存在している。

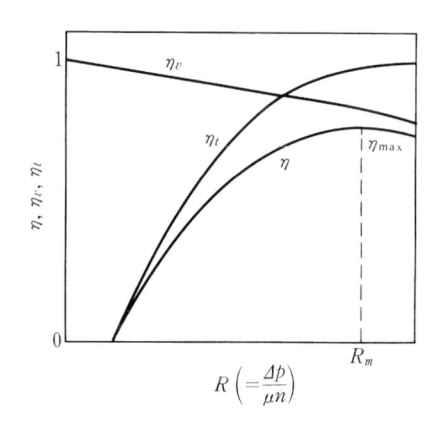

図4.9 油圧モータの効率[2]

[4] **そのほかの特性**

油圧モータにおいては，[1] ～ [3] で述べた効率のほか，つぎのような量によって特性評価をする。

(a) 起動トルク 静止しているモータに対して,供給圧力を徐々に上げていくと,それがある値に達してはじめてモータは回転し始める。このように,起動するに必要なトルク τ_s を起動トルクといい,その値はモータ摺動部などの静摩擦に支配される。なお,モータの運転トルクと起動トルク τ_s との比(これを起動トルク比という)をもとに特性評価することもある。

(b) 回転変動率およびトルク変動率 回転中におけるモータ内の圧力と流量は,モータの構造上,脈動的に変動することを余儀なくされる。これに起因する回転数とトルクの変動量を,それぞれ回転変動率,トルク変動率と呼ぶ。例えば,回転数について,その平均値を n_{mean},瞬間的な最大値を n_{max},最小値を n_{min} とすると,回転変動率 n_v は式(4.28)のように表される。

$$n_v = \frac{n_{\mathrm{max}} - n_{\mathrm{min}}}{n_{\mathrm{mean}}} \tag{4.28}$$

トルク変動率についても式(4.28)と類似の関係で表される。

4.3.3 歯車モータ

歯車ポンプと同じく,歯車モータは2個の歯車とケーシングによって構成され,歯車のかみ合いの仕方によって,外接形と内接形に大別される。

歯車モータは,構造が簡単で頑強,小形,軽量であり,また安価であることに大きな特長がある。一方,性能面で見ると,トルク/慣性比の点では,ほかの油圧モータに比して最も優れているものの,特に起動時および低速域において,精度や効率(トルク効率と容積効率)が低下しやすい点,および漏れ流量とトルク変動がやや大きい点などの短所が存在する。また,構造上の制約から,可変容量形とすることは困難である。

[1] 外接歯車モータ

外接歯車モータの作動原理図を**図4.10**(a),(b)[2] に示す。回転に必要なトルクは,二つの歯車のかみ合い部分における圧力分布によってもたらされる。図(b)は,かみ合い部およびその近傍での圧力分布の様子を示したもので,点Cがかみ合い点である。

4.3 油圧モータ

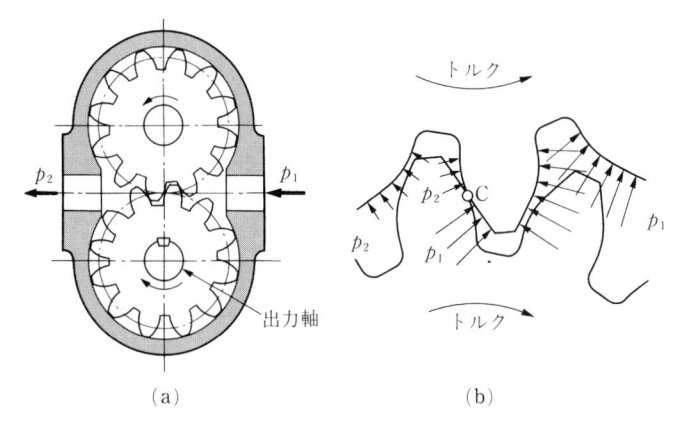

図4.10 外接歯車モータ[2]

圧力 p_1 と p_2 の関係が，$p_1 > p_2$ である図の場合，点Cで仕切られた歯みぞ両側の圧力分布の違いにより，矢印方向のトルクが発生する（かみ合い部以外の歯みぞにおける圧力分布によっては，有効なトルクを生じない）。圧力を $p_1 < p_2$ とすれば逆回転がもたらされる。

このように，両方向の回転が可能なように，両接続ポートとも，高圧に耐えうる構造になっている。また，流入する流量を，制御弁などによって変化させれば，回転数の連続的な変化（すなわち無段変速）が生ずる。この変速範囲は，通常，10：1から100：1程度とされている。

[2] **内接歯車モータ**[3]

内接歯車モータとしては，内接歯車ポンプに対応する構造のモータは実用化されておらず，別個の特色ある構造のものが開発されている。その代表例は差動減速式内接形トロコイド歯車モータであり，低速・高トルク用モータとして実用化されている。

このモータの作動原理図を**図4.11**[3]に示す。内歯歯車（ケーシングに固定）よりも歯数が一枚少ない外歯歯車が組み合わされており，外歯歯車を内歯車中心の周りに公転させ，このときの外歯歯車の自転を出力する差動歯車構造になっている。すなわち，内歯歯車と外歯歯車（回転子）によって形成される圧力

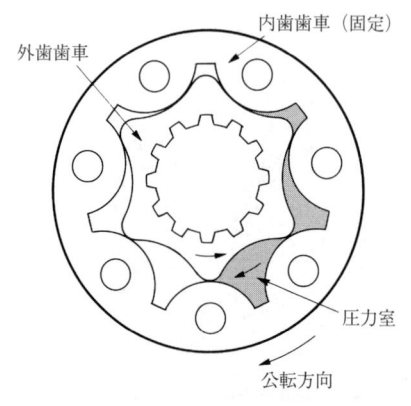

図4.11 差動減速式内接形
トロコイド歯車モータ[3]

室に対して，回転子の公転と同期させた分配弁（図では省略されている）によって圧油を順番に分配し，圧力室の容積が増大する方向へ回転子を移動させることによって公転させ，その自転分を出力軸に取り出すというものである。

図示の例では，外歯歯車の数は6個であるから，公転数6に対して，自転数は1となる。また，この公転数と自転数の比は，減速比1/6の減速機構の役割を意味し，これにより低速・高トルクの特徴が生み出される。

4.3.4 ベーンモータ[4]

ベーンモータの構造はベーンポンプと基本的に同じである。その作動原理図を**図4.12**[4]に示す。図示のようにこのモータでは，回転子中にスリットが設けられており，その中を半径方向に移動可能なようにベーン（羽根）が挿入されている。このベーンの張り出し面に作用する油圧力によってトルクが発生し，矢印の方向に回転子を回転させる。図示のモータは圧力平衡形といわれるもので，駆動軸に働く（油圧による）横荷重を相殺するため，2個の流入ポート（高圧ポート）がカムリング中心に対して対称な位置に設けられている。

ベーンモータは，構造が簡単かつ安価で，トルク/慣性比が大きく，またトルク変動率も少ないなどの特長をもつ。短所としては，ベーン先端とカムリングが摩耗しやすい点にあり，そのため，起動トルクの低下や低速不安定などについて注意を要する。

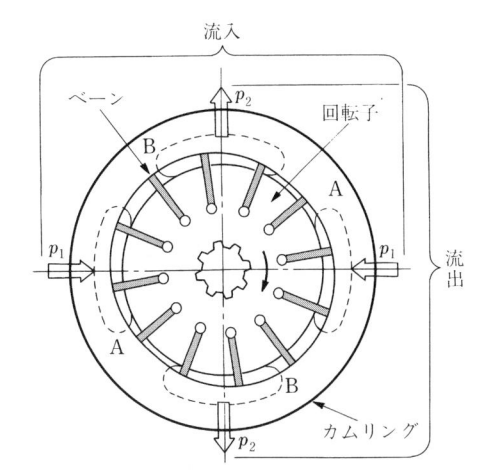

図4.12 圧力平衡形ベーンモータの作動原理図[4)]

なお，対応するベーンポンプとの構造上の違いは，ベーン先端とカムリングをつねに接触させるための機構（ばねと高圧油によってベーンを押しつける）が設けられている点である．これにより，モータ始動時の起動トルクが確保される．

4.3.5 ピストンモータ

ピストンモータの基本的な作動原理は，**図4.13**の模式図に示されるように，ピストン・シリンダ機構によりピストンの軸方向運動を作りだし，これに斜板を介することによって，出力軸の回転運動に変換するというものである．すなわち，油圧によってピストンが押される力F_1と，斜板からピストンが受ける

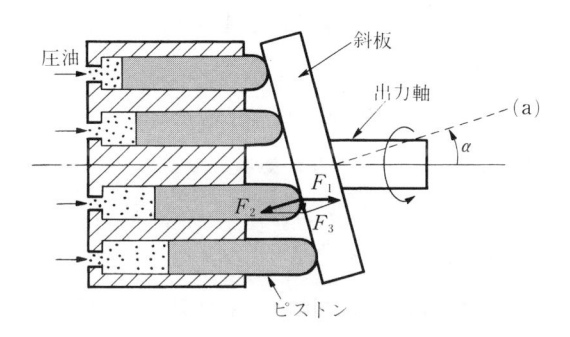

図4.13 ピストンモータの作動原理図（模式図）

反力 F_2 との合力 F_3 によって斜板を回すためのトルクがもたらされる（ただし実際のモータでは，斜板は回転方向に対して固定されており，シリンダブロックと一体化された出力軸が回転するような機構となっている。**図4.14**[5] 参照）。

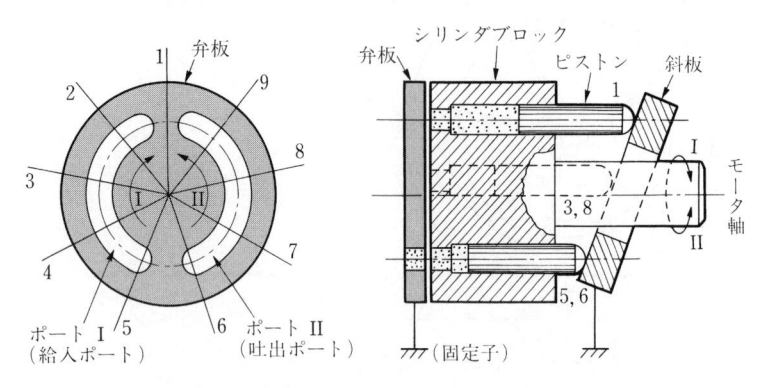

図4.14 斜板式アキシャルピストンモータ[5]

歯車モータと比較したときのこのモータの長所は，高圧化に適し，効率が優れていること，また可変容量形に向いていることがあげられる。その反面，構造が複雑化していることに伴う製作上および価格上の不利は避けられない。

ピストンモータを大別すると，複数個のピストンを回転軸に対して放射状に配置したラジアルピストン形と，回転軸に対してほぼ平行に配置したアキシャルピストン形に分けられる。

[1] **アキシャルピストンモータ（axial piston motor）**

アキシャルピストンモータは斜板式と斜軸式に大別されるが，ここでは斜板式モータを例に取り上げてその作動原理を述べる。

図4.14に示すように，このモータは，出力軸と一体化構造のシリンダブロック（回転子部），弁板および斜板（固定子部）によって構成されている。弁板には吸入ポートIと吐出ポートIIがある。ポートIに圧油が供給されると，それにつながるピストン（図の場合，ピストン2,3,4,5）によって軸方向の推力が斜板に加えられる。これにより，図4.13で述べたトルクが発生し，シリンダブロックと一体の出力軸が回転する。回転とともにピストンが死点を越えると，ポートがIからIIへと切換わり，シリンダ内の油は排出される。

吸入と吐出ポートの各役割を入れ換えれば，逆回転が得られる．また，斜板の角度（傾転角）を固定とせず，それを可変制御するための機構を導入すれば，可変容量形モータが得られる．この傾転角制御のための機構としては，多くの場合，サーボ弁やリンク機構を組み合わせたサーボ機構が用いられている．

斜板式モータは，ピストン軸と出力軸が同一の直線上にあり，ピストンの運動が斜板によって拘束される方式となっているが，両中心軸が斜交しながらともに回転する方式（このときには，図4.13中の直線aが出力軸と一致する構造となる）が斜軸式モータである．

[2] ラジアルピストンモータ (radial piston motor)

ラジアルピストンモータの作動原理図を**図4.15**に示す．図示のように，出力軸と一体化された偏心カムならびに放射状に配置されたピストンがおもな構成要素であり，ピストンの運動方向が出力軸と垂直をなすような構造となっている．

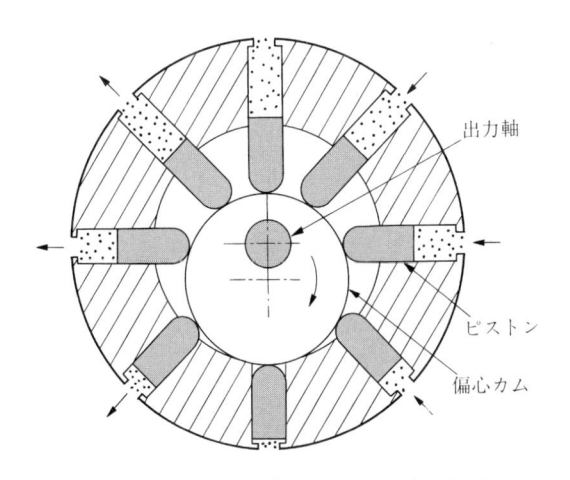

図4.15 ラジアルピストンモータ（模式図）

実際の場合，シリンダへの圧油の供給ならびに排出を行うために，カム軸に同期して働く分配弁が設けられている．カムの偏心量を可変としたものが可変容量形モータであり，種々のタイプのものが開発・製作されている．

4.4 揺動形油圧アクチュエータ

揺動形油圧アクチュエータ（hydraulic rotary actuator）は，圧油を送ると，ある限定された角度内の揺動（首振り）運動をするアクチュエータである。その基本的な形式には，ベーン形とピストン形の2種類があり，前者は直接に回転運動を生じさせるのに対して，後者では，いったんピストンの往復運動を作りだし，それを回転運動に変換する形式である。

代表的な用途としては，ロボットやマニピュレータ，および割出し装置などがあり，一般産業設備や工作機械，建設機械に多用されている。

4.4.1 ベーン形油圧揺動アクチュエータ

ベーン形油圧揺動アクチュエータは，用いるベーンの数（1～3枚）により，シングルベーン形，ダブルベーン形およびトリプルベーン形に分けられる。いずれも，構造が簡単で，パワー密度が大きく，また低速回転が得られやすいなどの特長をもつ。

ダブルベーン形の作動原理図を**図4.16**に示す。図示のように，バイパスによって接続されたA-A'室に圧油が供給されると，圧力p_aによって矢印方向の

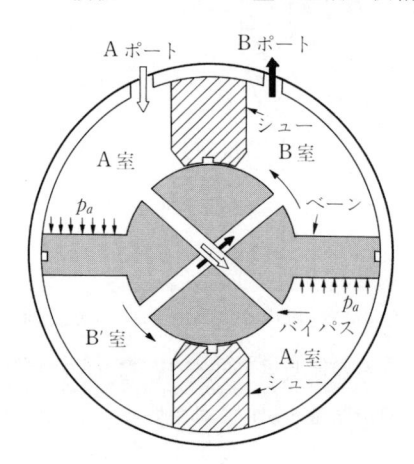

図4.16 ベーン形油圧揺動アクチュエータの作動原理図（ダブルベーン形）

トルクが発生し，シュー（ストッパの役割）の位置まで回転する。この間，B-B′室中の油はBポートから排出される。圧油の供給側をBポートに切換えれば逆回転が生ずる。

最大の揺動角はベーン数によって異なり，通常，シングルベーン形では約280°，ダブルベーン形では約100°，トリプルベーン形では約60°となっている。また，出力トルクの大きさは，ベーンの数に比例して増大する。

4.4.2 ピストン形油圧揺動アクチュエータ

ピストン形油圧揺動アクチュエータは，ピストンの直線運動を回転運動に変換する機構の違いにより，ラックピニオン形，ピストンヘリカルスプライン形，ピストンチェーン形，ピストンリンク形などに分類される。揺動角は360°以上とすることも可能であるが，一般的には360°以内のものが多い。ラックピニオン形のピストン形揺動アクチュエータの作動原理図を**図4.17**に示す。

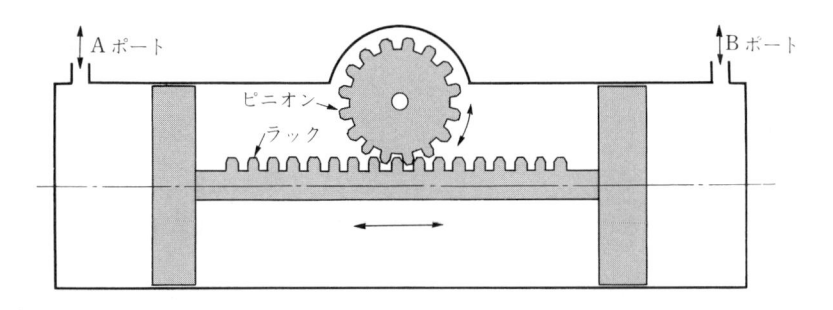

図4.17 ピストン形油圧揺動アクチュエータの作動原理図（ラックピニオン形）

4.5 油圧制御弁

油圧アクチュエータを駆動するには，駆動に要する圧油の圧力，流量および流れの方向を制御するための制御弁（control valve）を必要とする。油圧制御弁は圧力制御弁（pressure control valve），流量制御弁（flow control valve）

および方向制御弁（directional control valve）に大別され，使用目的に応じて各種の多様な弁が用意されている。

このうち，油圧アクチュエータの制御用に使用される弁は，入力が電気信号で与えられる電気・油圧制御弁である。電気・油圧制御弁には，電気信号を連続的に変化させて制御するアナログ形の弁と，オンオフ信号によって制御するオンオフ形の2種類がある。代表的な電気・油圧制御弁として，アナログ形の電気・油圧サーボ弁（electro-hydraulic servo valve）と比例制御弁（proportional control valve），オンオフ形の電磁切換弁（solenoid valve）と高速オンオフ弁（high speed on-off valve）があげられる。

なお，油圧アクチュエータにおける制御量はおもに位置（または角変位）と速度（角速度）であるから，一般には制御弁からの吐出流量を制御することが必要とされる。このとき，油圧源である油圧ポンプからの吐出流量をほぼ一定にしておいて，制御弁の絞り開度を変化させながらアクチュエータへの流量を制御する方式を弁制御方式という。

一方，制御弁を用いることなく，ポンプの吐出量を直接に制御する方式をポンプ制御方式という（可変容量形ポンプの斜板傾転角を制御するなどの方法が用いられる）。このポンプ制御方式によれば，アクチュエータが必要とするだけの流量をポンプで発生することができるため，弁制御方式に比べて省エネルギー効率は高くなる。しかしながら，応答性（応答速度と制御精度）の点ではかなり劣るため，現状では弁制御方式が主流となっている。

4.5.1 制御弁の構造と作動原理
[1] 電気・油圧サーボ弁

電気・油圧サーボ弁は，単にサーボ弁とも呼ばれ，入力の電気信号をアナログ的に変化させて出力量である作動油の流量（または圧力）を制御する弁である。この弁の特長は，小さな電気信号の入力によって大きな油圧パワーを高速かつ高精度で制御できることにある。そのためにきわめて精巧な構造となっており，高価格である点と保守上の難点（油の汚染管理および温度などの環境管

理を必要とする)が短所である。

サーボ弁の代表的な構成概略図を**図4.18**[6]に示す。この弁を構成するおもな要素は,トルクモータ(図3.6参照),ノズルフラッパ機構(**図4.19**参照)およびスプール弁(spool valve:これを主弁に用いている。spoolは糸巻きの意)である。トルクモータによりフラッパが変位すると,2個のノズル内圧力

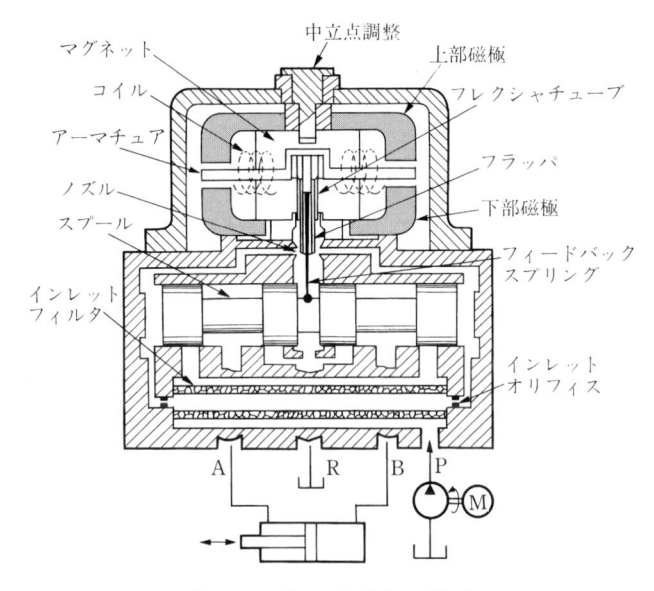

図4.18 電気・油圧サーボ弁[6]

(a) ノズルフラッパ

(b) 背圧 p_1 とフラッパ変位 x

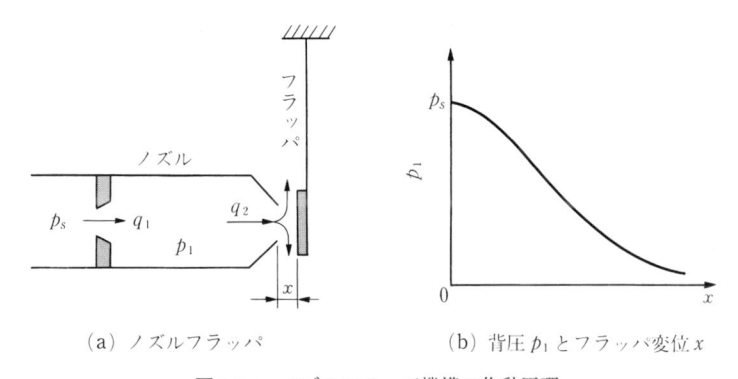

図4.19 ノズルフラッパ機構の作動原理

に差が生じてスプールが移動する。このときフラッパには、フィードバックスプリングによって、スプール変位に比例する反力が働き、フラッパが2個のノズルの中心に戻った位置でスプールは静止する。すなわちスプール弁の変位（言いかえれば弁の開度）は、入力電流に比例して制御され、その開度に応じて流量または圧力が制御される。

図示のサーボ弁は、入力の電気信号を機械的変位量に変換する電気-機械変換部（トルクモータ）と、機械的変位量を油圧量（流量，圧力）に変換する機械-油圧変換部（ノズルフラッパ機構）、そして、その油圧力で駆動される主弁（スプール弁）とによって構成されている。このサーボ弁の場合、2段の油圧増幅部（ノズルフラッパ機構と主弁）をもつ形式であることから、2段形サーボ弁と呼ばれている。1段形サーボ弁は直動形サーボ弁とも呼ばれ、トルクモータや可動コイルなどの電気-機械変換部によって直接に主弁を駆動する形式の弁である。

ノズルフラッパ機構の作動原理図を図4.19（a）に示す。ノズル（nozzle）とフラッパ（flapper）との間隔 x を変化させると、ノズル内の背圧 p_1 は図4.19（b）のような特性となり、機械-油圧変換部として機能する。図4.18のサーボ弁で使用されているノズルフラッパ機構では、フラッパに対して二つのノズルを対向させた差動形となっているが、差動形とすることにより、両ノズル背圧の差（差圧）とフラッパ変位 x の関係は良好な線形特性となる。

例題 4.2 ノズルフラッパ機構の静特性が図4.19（b）のようになることを示せ。ただし、流体は非圧縮とし、オリフィスの開口面積を a、流量係数を c_1 とし、またノズル孔径を d、ノズルの流量係数を c_2 とする。

解 答 まず流量に関し、$q_1 = q_2$ が成り立つから

$$c_1 a \sqrt{\frac{2}{\rho}(p_s - p_1)} = c_2 \pi dx \sqrt{\frac{2}{\rho} p_1}$$

となる。これより

$$p_1 = \frac{p_s}{1 + (c_2 \pi d/c_1 a)^2 x^2} = \frac{p_s}{1 + w x^2}$$

が得られる。ただし，$w = (c_2\pi d/c_1 a)^2$ とおいた。上式のp_1とxの関係を図示すれば図4.19（b）のような特性になる。

[2] **比例制御弁**

比例制御弁（proportional control valve）は，1段形サーボ弁における電気-機械変換部を，比例電磁ソレノイドなどの変換器によって構成した弁と表現することができるが，近年，比例制御弁の性能が向上するにつれて，1段形サーボ弁との区別はしづらくなりつつある。比例電磁ソレノイドを用いた電磁比例制御弁が代表的なものであり，その構成概略図を**図4.20**に示す。

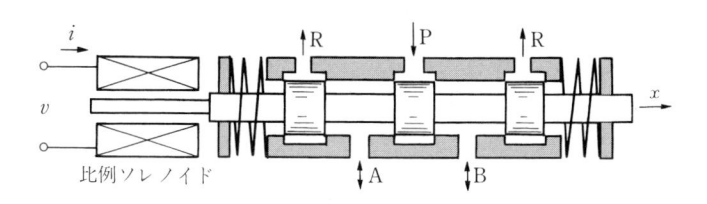

図4.20 電磁比例制御弁

図示のように，比例電磁ソレノイドに入力電流 i が与えられると，その大きさに比例した吸引力で弁スプールが駆動され，したがって入力電流にほぼ比例した制御流量が得られる。この種の比例制御弁によれば，高速性と精度面ではサーボ弁に及ばないものの，サーボ弁のもつ価格上と保守上の難点は大幅に低減される。サーボ弁に及ばない特性上のおもな点は，応答周波数が低い（サーボ弁では数百 Hz であるのに対して数十 Hz 程度）ことと，ヒステリシスの存在を避けがたく，特性がやや非線形となることである。

[3] **オンオフ弁**

オンオフ弁（on/off valve）は，オン・オフの切換に要する時間幅の大きさによって，低速形（切換時間は約数十〜100 ms）と高速形（約5 ms以下）に分けられる。低速形の弁はもっぱら方向制御弁として使用されており，前章に示した図3.3がその代表的な構造図である。この弁は，電気-機械変換部に電磁ソレノイドが用いられていることから，多くの場合，電磁（操作）切換弁と呼ばれている。

(a) **電磁切換弁**　電磁切換弁は，図3.3に示されるような両ソレノイド方式とするか，それとも片側のみにソレノイドを付すか，さらにはばねのあり・なしなどの構成法により，3位置切換形と2位置切換形に分けられる。これら切換弁により，アクチュエータの始動，加速，減速，停止および保持の動作を作りだし，オンオフ信号に基づいて各種自動機械装置のシーケンス制御を行う。

3位置切換形の電磁切換弁に油圧シリンダと負荷が接続されたシステムの構成図を**図4.21**に示す。図は油圧記号を用いて表されており，図中の切換弁はスプールの両端にそれぞればねとソレノイドが付された両ソレノイド方式であることを示している。3位置に相当する三つの切換状態が図中の ①，②，③ であり，図示の状態では ① の切換位置にあることから，油圧源からシリンダ（PポートからAポート）への圧油の流入，およびシリンダからリターン側（B→Rポート）への流出は断たれた状態にある。この状態は，両ソレノイドともに通電がなく，したがってばね力によって保持される中立状態である。いずれか一方のソレノイドをオン状態にすれば，② または ③ の切換位置となることにより，シリンダへ圧油が供給され，ピストンは左または右に移動する。

(b) **高速オンオフ弁**　2位置切換形のオンオフ電磁弁を高速で作動させることができれば，油圧アクチュエータに対する新たな駆動・制御法への道が拓

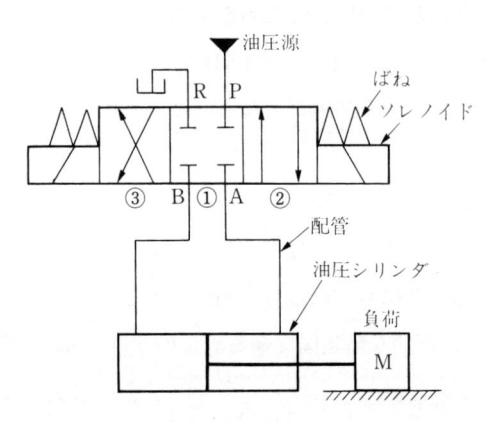

図4.21　電磁切換弁による油圧シリンダの駆動

かれる．すなわち，アナログ式の制御法に対するディジタル制御化であり，高速オンオフ弁によればコンピュータ制御に基づく油圧システムのインテリジェント化がもたらされる（なお，サーボ弁や比例制御弁をオンオフ駆動することによってディジタル化を図ることも可能である）．

ディジタル化の方法は，オンオフ信号による電気的パルス信号を，そのまま流体パルスに変換するものであり，弁の通電時間を制御することにより，見かけの平均流量を連続的に制御することができる．

オンオフ電磁弁の高速化は，ソレノイドにおける吸引力特性の向上，可動部の小形・軽量化，弁構造の改善・工夫などによってなされ，切換時間が $0.5 \sim 5$ ms のオンオフ電磁弁が開発されている．さらには，電気-機械変換部の電磁ソレノイドをトルクモータやムービングコイルまたは圧電アクチュエータに代える，などの方法も採り入れられている．

図4.22 (a) に，高速オンオフ電磁弁の構造を模式的に示す．この弁は2位置・3ポート形の電磁弁であり，ポートとしては供給側（Pポート），負荷側（Aポート）およびリターン側（Rポート）の3個をもつ．図示の状態は，ソレノイドへの通電がオンの場合であり，このとき，PポートとAポートがつながり，Rポートは閉じられている．ソレノイドへの通電をオフ状態にすれば，ばね力の作用によってPポートが閉じられ，AポートとRポートが接続される．これらオンとオフの二つの状態を油圧記号によって示すと図4.22 (b) のよう

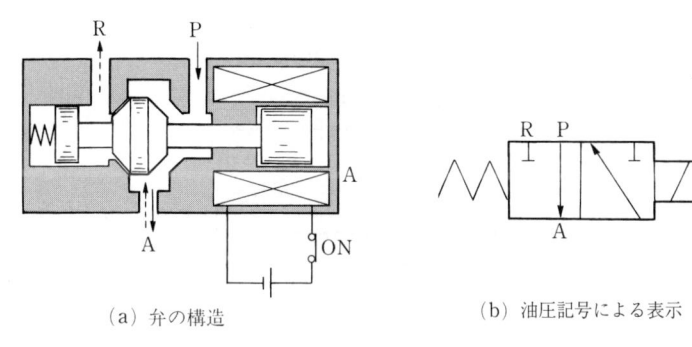

(a) 弁の構造　　　　　　(b) 油圧記号による表示

図4.22　高速オンオフ電磁弁（2位置3ポート形）

に表される。

高速オンオフ電磁弁には，上記の形のほかに2位置・2ポート形があり，この弁は図4.22（a）中のRポートを取り除いた構造になっている。2位置・2ポート形電磁弁を油圧記号で記せば**図4.23**のようになる。

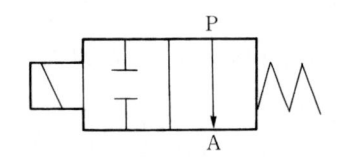

図4.23 2位置・2ポート形電磁弁

4.5.2 サーボ弁および比例制御弁の特性

サーボ弁と比例制御弁は，いずれも入力電流と弁開度がほぼ比例的関係になることから，それらの基本特性としては，結局，弁開度と制御流量または制御圧力との関係が重要となる。そこで以下においては，これら二つの弁をスプール弁に代表させてその動作特性を考える。

〔1〕ゼロラップ形スプール弁の流量特性

いま，スプール弁に接続される油圧アクチュエータが油圧シリンダであるとして，**図4.24**に示されるようなシステムを考える。ここでつぎの仮定をおく。

(1) 弁の中立位置（$x=0$ のとき）において，A，Bポートともに開度はゼロで，ポート部に重合（lap）のない構造であるとする〔このような弁をゼ

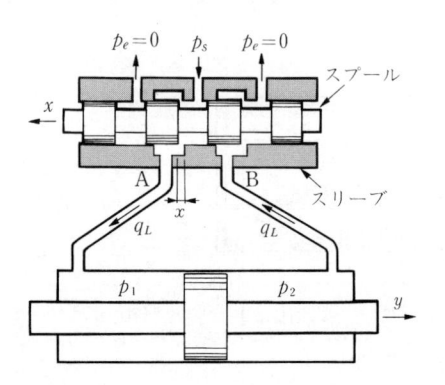

図4.24 スプール弁・シリンダシステム

ロラップ（zero-lap）形の弁，または理想弁という〕。
(2) 作動油の圧縮性は無視できるものとする。
(3) 弁とシリンダをつなぐ2本の配管内では，作動油の流動に伴う圧力降下はないものとする。

一般に，弁ポートなどの絞り部を通過する流体の流量（体積流量）q〔m³/s〕に関して，式（4.29）のような基礎的関係式（オリフィス方程式）が成り立つ。

$$q = c_d a \sqrt{\frac{2\Delta p}{\rho}} \tag{4.29}$$

ただし，Δp：絞り部前後の圧力差〔Pa〕，a：絞りの部の開口面積〔m²〕，ρ：流体の密度〔kg/m³〕，c_d：流量係数〔無次元量〕である。

上式によれば，図4.24に示される弁の開度 x が $x \geq 0$ のとき，シリンダへの供給流量 q_L（負荷流量という）は式（4.30）で与えられる。

$$q_L = c_d w x \sqrt{\frac{2(p_s - p_1)}{\rho}} \tag{4.30}$$

ただし，p_s：弁への供給圧力，p_1, p_2：シリンダ両室の圧力，w：弁ポートの円周方向長さ〔m〕，である。

いま，弁およびシリンダの各すきま部における油漏れがないものとすると，弁の戻り側ポート（Bポート）においても，先と等しい流量 q_L が流れる（流量の連続の関係による）。排出側ポートでの圧力 p_e は0（大気圧）に等しいと考えてよいから，Bポートに対して式（4.31）が成り立つ。

$$q_L = c_d w x \sqrt{\frac{2p_2}{\rho}} \tag{4.31}$$

式（4.30），（4.31）から，圧力 p_s, p_1, p_2 に関して式（4.32）のような関係が導かれる。

$$p_s = p_1 + p_2 \tag{4.32}$$

ここで新たに

$$p_L = p_1 - p_2, \qquad c = c_d w \sqrt{\frac{1}{\rho}} \tag{4.33}$$

とおくことにすれば，式 (4.30) または式 (4.31) の q_L は次式によって表される。

$$q_L = cx\sqrt{p_s - p_L} \tag{4.34}$$

同様な考察により，弁開度 x が $x<0$ のときに対して式 (4.35) が得られる。

$$q_L = cx\sqrt{p_s + p_L} \tag{4.35}$$

式 (4.34)，(4.35) をまとめれば，流量特性を与える関係式は式 (4.36) のように表される。

$$q_L = cx\sqrt{p_s - (\mathrm{sgn}\,x)p_L} \tag{4.36}$$

ただし上式中の $\mathrm{sgn}\,x$ は符号関数（$x>0$ のとき 1，$x=0$ のとき 0，$x<0$ のとき -1）を表す。

式 (4.36) を無次元表示すれば式 (4.37) のように表される。

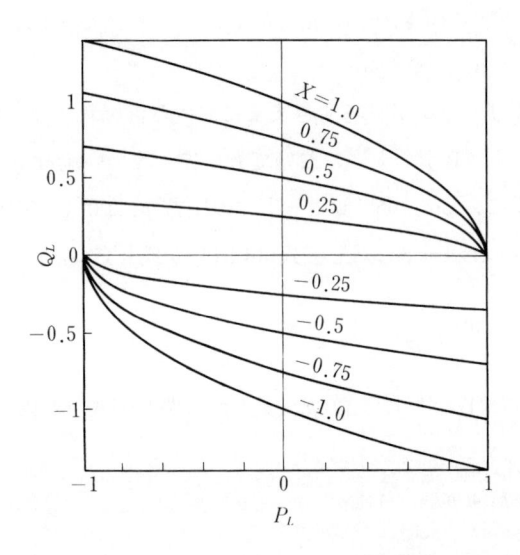

図4.25 ゼロラップ形スプール弁の圧力-流量特性

$$Q_L = X\sqrt{1 - (\text{sgn}\, X)P_L} \tag{4.37}$$

ただし,

$$Q_L = q_L/q_{\max}, \quad P_L = p_L/p_s, \quad X = x/x_{\max}, \quad q_{\max} = cx_{\max}\sqrt{p_s}$$

とおき,また $x_{\max}$ は最大の弁開度を表す。式(4.37)による流量特性を,横軸に負荷圧力 P_L,縦軸に負荷流量 Q_L を取り,弁開度 X(いずれも無次元量)をパラメータとして表せば図 **4.25** のようになる。

例題 4.3 ゼロラップ形スプール弁において,絞り部の開口面積が $0.5\ \text{cm}^2$,圧力差が $20\ \text{MPa}$ のとき,流量 $q\ [l/\text{min}]$ はいくらになるか。ただし,油の密度は $860\ \text{kg/m}^3$,流量係数は 0.6 とする。

解答 式(4.29)から

$$q = c_d a \sqrt{\frac{2\Delta p}{\rho}} = 0.6 \times 0.5 \times 10^{-4} \sqrt{\frac{2 \times 20 \times 10^6}{860}}$$
$$= 6.47 \times 10^{-3}\ \text{m}^3/\text{s} = 388\ l/\text{min}$$

[2] 負重合形スプール弁の流量特性

図 **4.26** に示すように,中立位置($x = 0$)において,負荷側ポート部で4か所の流路($q_1 \sim q_4$ の流路)が形成される形式の弁を負重合(アンダラップ:under-lap)形弁という。逆に,中立状態で閉じられ,ポートに重合のある形式の弁は正重合(オーバラップ:overlap)形弁という。

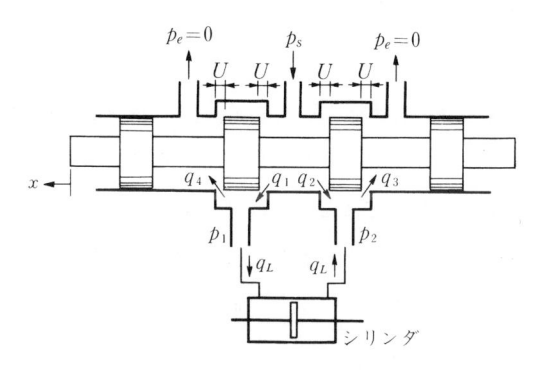

図 **4.26** 負重合形スプール弁

いま，図示のように負重合量がすべて等しく U であるとすれば，各流路の流量 q_1, q_2, q_3, q_4, および負荷流量 q_L はつぎの各式で与えられる。

$$q_1 = c(U + x)\sqrt{2(p_s - p_1)} \tag{4.38}$$

$$q_4 = c(U - x)\sqrt{2p_1} \tag{4.39}$$

$$q_2 = c(U - x)\sqrt{2(p_s - p_2)} \tag{4.40}$$

$$q_3 = c(U + x)\sqrt{2p_2} \tag{4.41}$$

$$q_L = q_1 - q_4 = q_3 - q_2 \tag{4.42}$$

式（4.41）に式（4.38），(4.39) を代入した関係式と，式（4.41）に式（4.40），(4.41) を代入した関係式との比較によれば，圧力に関する式（4.32）の成立することが証明される。そこで，式（4.32），(4.33) を用いて式（4.42）を整理すれば，流量特性を表す式（4.43）が得られる。

$$q_L = c(U + x)\sqrt{p_s - p_L} - c(U - x)\sqrt{p_s + p_L} \tag{4.43}$$

式（4.43）を無次元表示すれば式（4.44）のように表される。

$$Q_L = (1 + X)\sqrt{1 - P_L} - (1 - X)\sqrt{1 + P_L} \tag{4.44}$$

ただし，

$$Q_L = q_L/q_0, \quad p_L = p_L/p_s, \quad X = x/U, \quad q_0 = cU\sqrt{p_s}$$

図4.27は，式（4.44）による流量-圧力特性（Q_L-P_L特性）の計算結果であり，弁開度 X をパラメータとして示されている。図4.25との比較によれば，負重合形弁の特性はゼロラップ形に比して，線形性の点では優れていることがわかる。したがって制御要素としてはこの形の方が使いやすいといえる。

一方，負重合形の場合，弁の中立状態でも油の流出（損失）があり，またこの状態下で，負荷シリンダに大きな外乱が加わるとピストンが動き出すなどの短所をもつ。

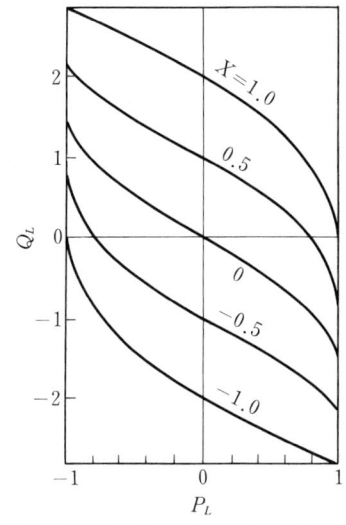

図4.27 負重合形スプール弁の流量-圧力特性

[3] 流量特性の線形近似（微小変動法による線形化）

式 (4.37)，(4.44) などの関係式によって表される流量特性は非線形であるため，このままではシステムの解析に困難を生ずる。非線形特性を線形化する代表的な方法に微小変動法があり，この方法によって線形化すれば，変数の変動が微小な範囲内において近似精度が確保される。いま，流量 q が変数 x と p の関数であるとしてつぎのような特性式を考える。

$$q = f(x, p) \tag{4.45}$$

ここで，q を $x = x_0$，$p = p_0$ という平衡点のまわりに Taylor 展開して 2 次以上の微小量を無視すると

$$q = f(x_0, p_0) + \left.\frac{\partial f}{\partial x}\right|_0 (x - x_0) + \left.\frac{\partial f}{\partial p}\right|_0 (p - p_0) \tag{4.46}$$

となる。次いで

$$q_0 = f(x_0, p_0), \quad \Delta q = q - q_0, \quad \Delta x = x - x_0, \quad \Delta p = p - p_0$$

とおけば式 (4.47) が成り立つ。

$$\Delta q = \left.\frac{\partial f}{\partial x}\right|_0 \Delta x + \left.\frac{\partial f}{\partial p}\right|_0 \Delta p = k_x \Delta x - k_p \Delta p \tag{4.47}$$

ただし

$$k_x = \left.\frac{\partial f}{\partial x}\right|_0, \quad k_p = -\left.\frac{\partial f}{\partial p}\right|_0 \tag{4.48}$$

とおき，ここにk_xは流量ゲイン，k_pは圧力流量係数と呼ばれる。なお，式 (4.47) が線形化された流量特性式であり，平衡点q_0の近くでのみ近似が可能であることに注意を要する。

上記の微小変動法によって式 (4.37)，(4.44) を線形化すれば，無次元表示による流量特性は式 (4.49) のように表される。

$$\Delta Q_L = \left.\frac{\partial Q_L}{\partial X}\right|_0 \Delta X + \left.\frac{\partial Q_L}{\partial P_L}\right|_0 \Delta P_L = K_x \Delta X - K_p \Delta P_L \tag{4.49}$$

ただし，K_x, K_pは無次元の流量ゲインおよび圧力流量係数である。式 (4.37)，(4.44) によって，弁の中立状態（$Q_L = P_L = X = 0$）を平衡点とするK_x, K_pを求めればつぎのようになる。

・ゼロラップ形弁のとき

$$K_x = 1, \quad K_p = 0 \tag{4.50}$$

・負重合形弁のとき

$$K_x = 2, \quad K_p = 1 \tag{4.51}$$

4.5.3 高速オンオフ電磁弁の特性[7]

まず，高速オンオフ電磁弁を駆動するための代表的な電気回路を**図 4.28**[7]に示す。図中の電磁弁は，ソレノイドのインダクタンスLと抵抗Rをもとに等価回路表示されている。また図中のバリスタ（varistor）は，弁の切換に伴って発生するサージ電圧からトランジスタを保護するためのものである。電磁弁を切換えるための入力信号は図中のコントローラからの制御電圧e_iによって与えられる。

いま，高速オンオフ電磁弁への入力信号e_iを図示のようなパルス列波形（弁の励磁時間幅をt_{on}とする）で与えるものとすると，弁の切換特性は**図 4.29**[7]

4.5 油圧制御弁

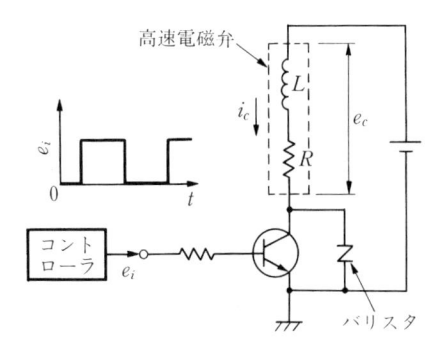

図 4.28 高速オンオフ電磁弁の駆動回路[7]

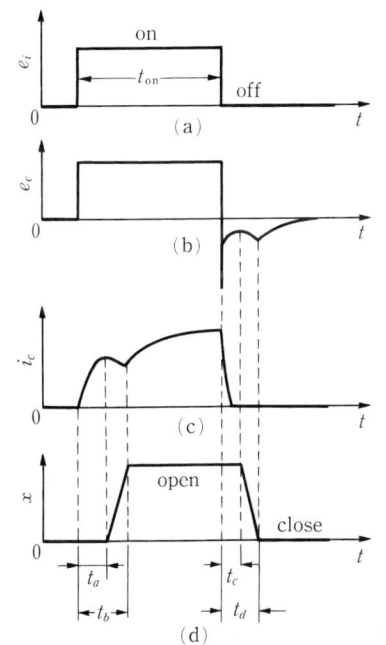

図 4.29 高速オンオフ電磁弁の切換特性[7]

に示すような波形によって表される。図の (a)〜(d) には，それぞれ入力信号 e_i，高速オンオフ電磁弁における電圧降下量 e_c，弁ソレノイドを流れる電流 i_c，弁の開度 x の各波形が示されている。入力信号 e_i のステップ的変化が与えられたとき，インダクタンス L の大きさに応じて電流 i_c は徐々に増大し，それに比例した電磁力を生じる。そして，電磁力が弁可動部（その変位が x である）を保持するばね力に打ち勝ったとき，x の移動が始まる。そしてある時間

幅を経て全開状態に達する（このとき，y の移動に伴うインダクタンスの変化によって，図示のようなその後の i_c の変動がもたらされる）。

弁変位 x が全閉から全開に移動する挙動は，数 ms のような短い時間に行われることを考慮すれば，これを1次曲線に近似して取り扱うことができる。このように，x の挙動をむだ時間と1次曲線の関係で表現されるとすれば，弁の往復（開閉）運動特性は，4個の時間パラメータ（図中の t_a, t_b, t_c, t_d）によって規定されうる。なお，図 (b) の電圧 e_c の波形によれば，入力信号をオフにしたときに発生するサージ電圧（ソレノイドに流れていた電流の慣性効果によるサージ電圧）が認められる。

PWM 法による高速オンオフ電磁弁の制御では，PWM 搬送波の周期 (T) ごとに弁の励磁時間幅 t_{on} を変化させる方法が用いられる。いま，弁への入力信号 e_i における t_{on} の時間幅を**図 4.30** (a) に示すように変化させた場合を考える（なお，簡単のため，上述した弁の遅れ時間はなく，瞬時に切換わることのできる理想的な弁とする）。このとき弁の（A ポートからの）吐出流量 q の波形は図 4.30 (b) のように表されることから，各周期ごとの平均流量を $\bar{q}$ とするとき，t_{on} によって $\bar{q}$ の大きさを制御できることがわかる。そこで，変調率を $D = t_{on}/T$ とおけば，変調率 D と流量 $\bar{q}$ によって高速オンオフ電磁弁の特性を表すことができる。

PWM 搬送波の周波数 f〔Hz〕をパラメータとするときの流量特性を**図 4.31**

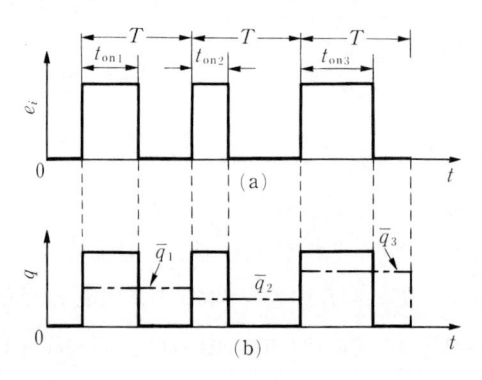

図 4.30 PWM 法による高速オンオフ電磁弁の制御（パルス幅 t_{on} と制御流量）

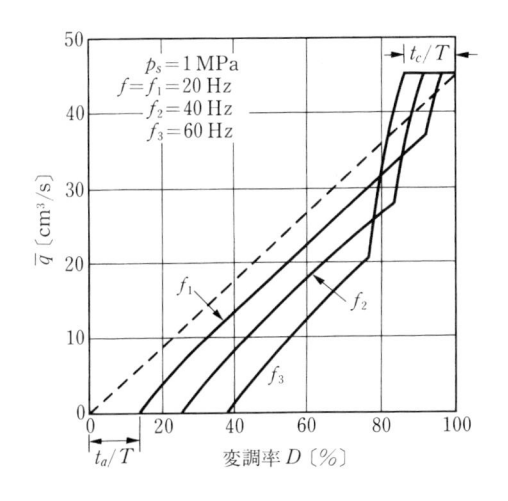

図4.31 高速オンオフ電磁弁の流量-変調率特性

に示す（実測結果[8]に基づく模式図）。図中の破線は弁を理想弁と仮定したときの特性であり，図示のように線形の特性で表される。一方，遅れ時間（図4.29中のt_a, t_b, t_c, t_d）が存在する現実の弁では，D-$\bar{q}$特性は強い非線形を帯びることとなる。変調率Dの小さな領域で現れる不感帯はむだ時間t_aによるものであり，Dの大きな領域で現れる飽和帯はむだ時間t_cによるものである。図によれば，これら不感帯と飽和帯の範囲は，搬送波の周波数fを増大させるほど顕著となっており，このような領域では制御要素としての使用に不向きとなる。PWM制御においては，一般に周波数fを増加させるほど高精度の制御が可能になるが，したがってこのようなfの上限は制御精度の限界を意味する。

4.6 油圧サーボシステム

4.6.1 アナログ式油圧サーボシステム

アナログ式の一般的な油圧サーボシステム（hydraulic servo system）の構成概略図を**図4.32**に示す。油圧記号で記された図中の制御弁はサーボ弁を表

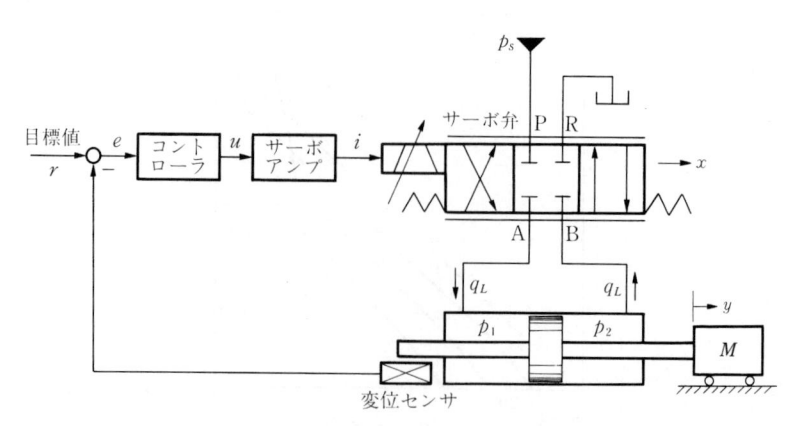

図4.32 油圧サーボシステム

しているが，これを比例制御弁に置き換えてもシステムの基本的機能に変わりはない。この油圧サーボシステムの作動はつぎのように行われる。

まず，目標とするシリンダ位置 r が設定されると，r とシリンダの現在位置 y との差 e ($= r - y$) が演算されてコントローラに入力される。コントローラの制御動作を比例動作（P動作）とすれば，偏差 e の定数倍された値 u ($= K_p e$) がサーボアンプに印加される。サーボアンプからは u に比例した電流 i ($= K_a u$) が出力され，この i により制御弁の励磁回路（電気-機械変換部）が励磁される。このとき，制御弁が直動形または2段増幅形のサーボ弁であるか，それとも比例制御弁であるかなどによって機構的な違いはあるものの，機能としては，いずれも電流 i にほぼ比例したスプール変位 x がもたらされる。スプールが変位して以後，シリンダが動くまでの作動は図4.24または図4.26の場合と基本的に同じである。

以上によれば，まずつぎの三つの関係式（4.52）〜（4.54）が成り立つ。

$$e = r - y \tag{4.52}$$

$$u = K_p e \tag{4.53}$$

$$i = K_a u \tag{4.54}$$

制御弁への印加電流 i とスプール変位 x の間の動的な関係は，慣性力と摩擦

力（粘性減衰力とする）を考慮するとき，式（4.55）のように表される．

$$\frac{d^2x}{dt^2} + 2\zeta\omega_n \frac{dx}{dt} + \omega_n^2 x = k_v \omega_n^2 i \tag{4.55}$$

ただし，ω_n：弁スプールの固有角周波数，ζ：粘性減衰率（無次元），k_v：電流 i とスプール変位 x の間の（静的な）変換係数である．

制御弁の流量特性は，たとえば理想弁のとき式（4.36）などの関係で表されるが，それらの関係を線形化して式（4.56）のように表す（式（4.47）参照）．

$$q_L = k_x x - k_p p_L \tag{4.56}$$

ただし，k_x, k_p はそれぞれ流量ゲイン，圧力流量係数である．

簡単化のため作動油の圧縮性が無視できるものとすると，流量 q_L とピストン変位 y との間には次式の関係が成り立つ．

$$q_L = A_p \frac{dy}{dt} \tag{4.57}$$

ただし，A_p はピストンの受圧面積である．

負荷の運動に際して，乾性摩擦を無視できるものとすれば，ピストンの関係式は式（4.58）のように表される．

$$M\frac{d^2y}{dt^2} + c_p \frac{dy}{dt} = A_p p_L \tag{4.58}$$

以上，式（4.52）〜（4.58）の関係をブロック線図表示すれば**図4.33**のように表すことができる．

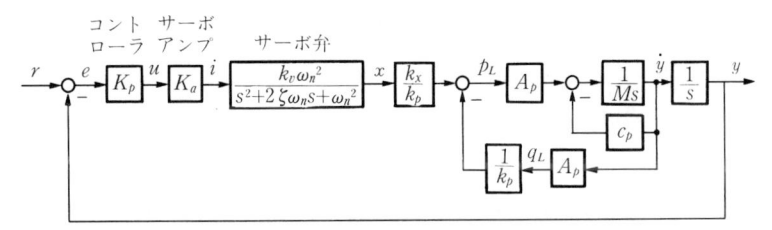

図4.33 油圧サーボシステムのブロック線図

例題 **4.4** アナログ式サーボシステムの関係式は式（4.52）〜（4.58）によって表される．これらの関係をブロック線図表示すると図4.33のようになる

ことを確認せよ。

解答 式 (4.52) ～ (4.58) をラプラス変換すれば，つぎの各式が得られる。

$$e(s) = r(s) - y(s) \tag{4.59}$$

$$u(s) = K_p e(s) \tag{4.60}$$

$$i(s) = K_a u(s) \tag{4.61}$$

$$(s^2 + 2\zeta\omega_n s + \omega_n^2) x(s) = k_v \omega_n^2 i(s) \tag{4.62}$$

$$q_L(s) = k_x x(s) - k_p p_L(s) \tag{4.63}$$

$$q_L(s) = A_p s y(s) \tag{4.64}$$

$$(Ms^2 + c_p s) y(s) = A_p p_L(s) \tag{4.65}$$

以上の関係をブロック線図表示すれば図4.33が得られる。

上記の考察では作動油の圧縮性を無視したが，油圧システムを大負荷のもとで高速に駆動することが求められる実際の場合には，その影響が少なからず現れ，問題となる。すなわち，システムの固有角周波数の減少による応答速度やシステム剛性の低下を始め，ときとしてシステムを不安定化する要因にもなる。

作動油の圧縮性を考慮に入れたとき，油圧シリンダの固有角周波数 ω_n は式 (4.66) で表される（例題4.5参照）。

$$\omega_n = \sqrt{\frac{4KA_p^2}{VM}} \quad \text{[rad/s]} \tag{4.66}$$

ただし，K〔Pa〕：油の体積弾性係数，A_p：シリンダの断面積，V：シリンダ室の全容積，M：ピストン負荷の質量である。

サーボシステムの設計に際しては，式 (4.66) で表される固有角周波数 ω_n の値に十分な関心を払わねばならない。

例題 4.5 図4.24の油圧サーボシステムにおいて，油の圧縮性を考慮に入れたときの基礎方程式は式 (4.67) ～ (4.69) で表される（ただし，ピストンに作用する摩擦は無視する）。

線形化したときの制御弁の流量特性は式 (4.56) から

$$q_L = k_x x - k_p p_L \tag{4.67}$$

流量 q_L に関する連続の式は，シリンダ室の全容積を V とすると

$$q_L = A_p \frac{dy}{dt} + \frac{V}{4K} \frac{dp_L}{dt} \tag{4.68}$$

ピストンの運動方程式は

$$M \frac{d^2 y}{dt^2} = A_p p_L \tag{4.69}$$

式 (4.67) ～ (4.69) をもとに，油圧シリンダの固有角周波数が式 (4.66) で表されることを証明せよ。

解　答　式 (4.67) ～ (4.69) をラプラス変換すればつぎの各式が得られる。

$$q_L(s) = k_x x(s) - k_p p_L(s) \tag{4.70}$$

$$q_L(s) = s \left\{ A_p y(s) + \frac{V}{4K} p_L(s) \right\} \tag{4.71}$$

$$Ms^2 y(s) = A_p p_L(s) \tag{4.72}$$

上の式 (4.70) ～ (4.72) から，$p_L(s)$ と $q_L(s)$ を消去し，入力 $x(s)$ と出力 $y(s)$ に関する伝達関数を求めると，式 (4.73) が得られる。

$$\frac{y(s)}{x(s)} = \frac{K_a}{s(s^2 + 2\zeta\omega_n s + \omega_n^2)} \tag{4.73}$$

このとき，ζ, ω_n, K_a はつぎの各式 (4.74) ～ (4.76) で表される。

$$\zeta = \frac{k_p}{A_p} \sqrt{\frac{MK}{V}} \tag{4.74}$$

$$\omega_n = \sqrt{\frac{4KA_p^2}{VM}} \tag{4.75}$$

$$K_a = \frac{4KA_p k_x}{MV} \tag{4.76}$$

この ω_n はシリンダの固有角周波数にほかならず，式 (4.66) に一致している。

例題 4.6　つぎのような諸元をもつ油圧シリンダの固有角周波数 ω_n を求めよ。ピストンには 90 kg の負荷質量が接続されているものとし，油の体積弾性

係数：$K = 1500$ MPa，ピストンの質量：10 kg，ピストンロッドの直径：30 mm，ストローク：50 cm，シリンダの内径：10 cm，とする．

[解　答]　式 (4.66) において，

$$M = 10 + 90 = 100 \text{ kg}$$

$$A_p = \frac{\pi}{4}(0.1^2 - 0.03^2) = 7.14 \times 10^{-3} \text{ m}^2$$

$$V = 7.14 \times 10^{-3} \times 0.5 = 3.57 \times 10^{-3} \text{ m}^3$$

$$\therefore \omega_n = 7.14 \times 10^{-3} \sqrt{\frac{4 \times 1500 \times 10^6 \text{ kg/(m·s}^2)}{3.57 \times 10^{-3} \times 100 \text{ kg·m}^3}} = 926 \text{ rad/s}$$

なお，これを固有振動数 f_n〔Hz〕で表せば

$$f_n = \frac{\omega_n}{2\pi} = 147 \text{ Hz}$$

となる．

4.6.2　ディジタル式油圧サーボシステム

ディジタル式油圧サーボシステムの構成図を**図 4.34** に示す[9]．図のシステムでは，制御弁として2位置・3ポート形の高速オンオフ電磁弁が2個（弁1と

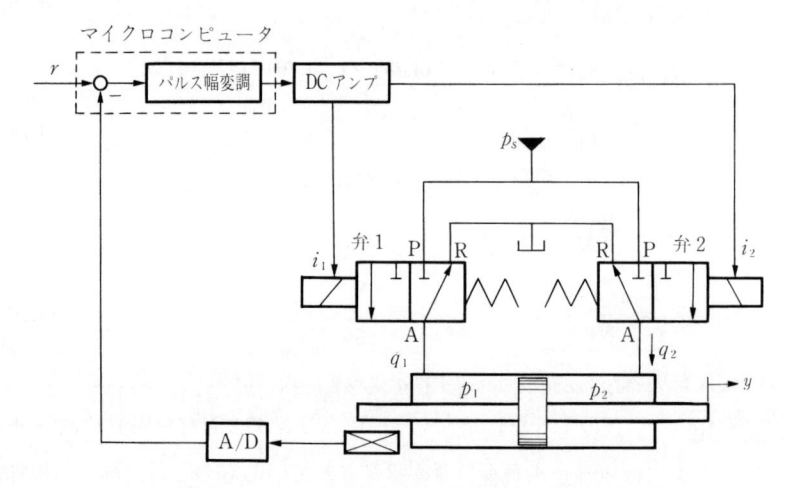

図 4.34　ディジタル式油圧サーボシステムの構成

2) 用いられており，これらはPWM信号によって駆動される．2個の弁が図示の切換位置にあるときをオフ状態とすると，オフ状態では油源からの圧油の供給が断たれているため，ピストンは静止状態にある．

いま，弁1，2へ印加する信号の変調率をそれぞれD_1，D_2とし，各シリンダへの供給流量をq_1，q_2とする．いま，弁1，2の駆動電圧e_1，e_2を，**図4.35**（a）に示すように，たがいに逆位相の関係（このことを図中には$D_2=\bar{D}_1$と記した）で与える[10]ものとすると，周期T当りの平均供給流量$\bar{q}_1$，$\bar{q}_2$とD_1の関係は図4.35（b）のようになる[10]．

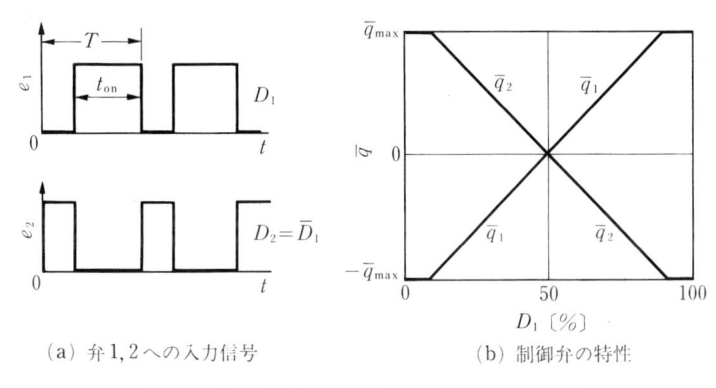

（a）弁1，2への入力信号 （b）制御弁の特性

図4.35 3ポート形高速オンオフ弁のPWM制御

すなわち，$D_1=(D_2=)50\%$のときは，両シリンダへの供給流量と排出流量が（周期T当りで）等しくなることから，$\bar{q}_1=\bar{q}_2=0$となる．この点を基準点として，以後，D_1を変化させれば，$\bar{q}_1$はD_1に比例して増大し，一方，$\bar{q}_2$-D_2特性は$\bar{q}_1$-D_1特性に対して（図示のような）対称な特性として与えられる．すなわち，全体の弁特性としては，4ポート制御弁（例えば図4.24に示すスプール弁）と等価な特性が得られる．

システムの作動は，図4.34に示されるように，制御量であるピストン位置yはセンサによって検出され，A/D変換器を介して入力側にフィードバックされる．このフィードバック量はコンピュータに送られて演算処理され，偏差（$r-y$）と変調率D_1，D_2との換算がなされる（換算に際しては，図4.35（b）の特性を用いる）．その演算結果D_1，D_2が弁1，2へ印加され，ピストンの移

動がもたらされる。

─────────── 演 習 問 題 ───────────

【1】 式 (4.37) および (4.44) で表されるゼロ形弁および負重合形スプール弁の流量特性を微小変動法によって線形化すると,各流量ゲイン K_x および圧力流量係数 K_p が式 (4.50) および (4.51) で表されることを確認せよ。

【2】 式 (4.43) で表される負重合形スプール弁の流量特性を無次元化すると式 (4.44) になることを確認せよ。

【3】 圧力 18 MPa,流量 12 l/min の圧油を油圧モータに供給したところ,出力トルク 40 N·m,回転数 700 rpm が得られた。この油圧モータの全効率を求めよ。

5 空気圧アクチュエータ

　油圧アクチュエータが圧油をエネルギー源とするのに対して，空気圧アクチュエータでは圧縮空気をエネルギー源として駆動される。この圧縮空気は空気圧縮機（air compressor）によって作りだされる。空気圧アクチュエータの最大の特徴は，空気が用いられることに伴う手軽さと簡便性，ならびに空気の圧縮性に基づく柔らかさにある。

　空気圧アクチュエータに対する有力な制御方式としてシーケンス制御（sequence control）があり，従来から，各種の省力・自動化装置などに幅広く使用されてきた。シーケンス制御とは，「あらかじめ定められた順序に従って制御の各段階を逐次に進めていく制御」と定義されており，オンオフ式の電磁切換弁にリレーやリミットスイッチを組合せ，演算処理部にはプログラマブルコントローラ（PC：programmable controller：シーケンサともいう）が用いられる。しかし，この方式による制御ではPTP制御（2点間の位置決め制御）となり，CP制御（連続的な軌道制御）は達成され難い。そこで，各種サーボシステムの連続的な位置または速度制御に主眼を置く本書の場合，このシーケンス制御を考察の対象から除外することにする。

　油圧システムと同様に，空気圧システムの分野においても，近年，メカトロニクス化の発展と相俟って，コンピュータ制御による電子・空気圧アクチュエータ，またはディジタルサーボ技術が大きく進展しつつある。

5.1　空気圧アクチュエータの基本的分類

　空気圧アクチュエータには，直進運動をする空気圧シリンダ，回転運動をする空気圧モータ，および揺動運動をする揺動形空気圧アクチュエータがある。**表5.1**に，空気圧アクチュエータの分類を示す。これら空気圧アクチュエータ

表5.1 空気圧アクチュエータの分類

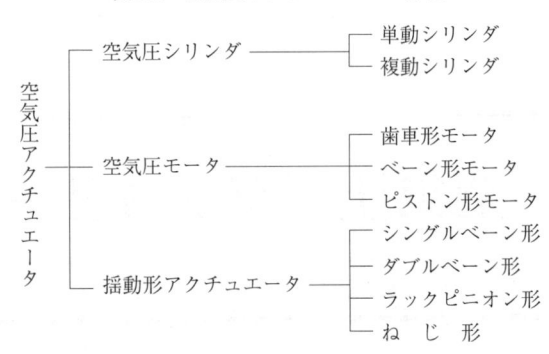

```
                    ┌─ 空気圧シリンダ ──────┬─ 単動シリンダ
                    │                      └─ 複動シリンダ
空                  │
気                  │                      ┌─ 歯車形モータ
圧                  ├─ 空気圧モータ ───────┼─ ベーン形モータ
アクチュエータ       │                      └─ ピストン形モータ
                    │
                    │                      ┌─ シングルベーン形
                    └─ 揺動形アクチュエータ ┼─ ダブルベーン形
                                           ├─ ラックピニオン形
                                           └─ ね じ 形
```

の基本的な構造と作動原理は対応する油圧アクチュエータと同じである．ただし，作動流体である空気が大きな圧縮性を有している点，および粘性（粘性係数 μ）の小さい点が油圧システムと比べたときの大きな違いであり，この違いに伴う構造上および特性上の差が存在する．

　空気圧アクチュエータの特長は，システム構成の容易さと簡便さ，低コスト性および安全性にあり，また操作性もよいことから，自動組立機械を始めとする各種自動化および省力化装置に多用されている．

5.2　空気圧システムの基本的構成

　一般的な空気圧アクチュエータの駆動システム（空気圧システム）を**図5.1**に示す．そのおもな構成要素はつぎのようなものである．

(1) 空気圧縮機（air compressor）：機械的パワー（＝トルク×角速度）を空気圧パワー（＝流量×圧力）に変換する要素．圧縮空気は，種々の圧

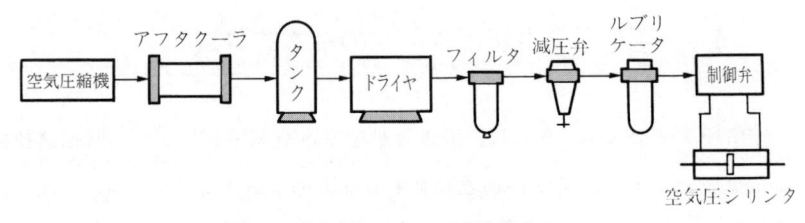

図5.1　空気圧システムの基本構成

縮機構による圧縮機（コンプレッサ）により作りだされる。一般的には0.3 MPa～0.7 MPa程度の圧縮空気が用いられる。

(2) アフタクーラ（after cooler）：空気圧縮機で作られた空気圧は温度が高く，そのまま末端の機器に送り込むとシール材の劣化などを引き起こす。そこで，水冷または空冷により空気圧を冷やすのがアフタクーラの役割である。

(3) タンク（tank）：空気圧縮機で作られた圧縮空気を蓄積するのが基本的な役割であるが，同時に空気圧縮機よりの圧力脈動を吸収することにも役立つ。多量の圧縮空気をタンクに蓄積しておけば，負荷の変動にもかかわらず供給圧力を一定に保つことができるほか，停電時などの緊急作動用としても利用できる。

(4) ドライヤ（dryer）：空気圧縮機で作られた空気圧は湿度が高いため，ドライヤによって乾燥する。乾燥の方法としては，冷凍式と乾燥剤式がおもに用いられている。冷凍式とは，冷凍式エアードライヤによって冷却し，空気圧中に含まれる水蒸気を水滴におきかえて除去するものである。乾燥剤式とは，シリカゲル，活性アルミナなどの固体吸収剤を用いて水蒸気を吸収するものである。

(5) フィルタ（filter）：不純物（ゴミや油分）を取り除くのがおもな役割であるが，同時に水滴の除去も行う。

(6) 減圧弁（pressure reducing valve）：この弁はレギュレータ（regulator）とも呼ばれ，上流側のタンクから送られてくる高圧の空気圧力を減圧して，アクチュエータが必要とする一定の供給圧力に調整・保持するのがこの弁の役割である。

(7) ルブリケータ（lubricator）：油圧システムにおいては作動油が潤滑油としても作用するので給油を必要としない。空気圧システムにおいて，この給油の役割をするのがルブリケータであり，噴霧器と同じ原理によって作動する。これにより作動空気中に潤滑油を霧状にして含ませ，弁やアクチュエータの摺動部を潤滑する。ただし，最近は無給油機器が増えたこと

から，ルブリケータは省略されることもある。

5.3 空気圧アクチュエータの基本的特性

5.3.1 空気圧モータ[1]

代表的な空気圧モータの特性曲線を**図5.2**[1] に示す。図は，モータへの供給圧力を一定として，回転数 N をゼロから徐々に増加させたときのトルク τ，出力パワー W_s ならびに空気消費量 q を示したものである。図示のように，まず出力パワー W_s は回転数 N とともに増大し，最大回転数 N_{max} の約1/2において最大となり，それ以後は減少をつづけて，N_{max} において $W_s = 0$ となる。

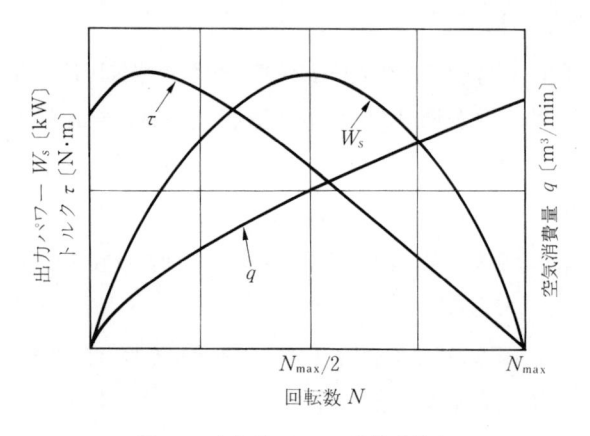

図5.2 空気圧モータの特性曲線[1]

つぎに回転数 N に伴うトルク τ の変化状況は，起動トルク（$N=0$ のときの τ）の直後に最大トルクに達した後，ほぼ直線的に減少して，N_{max} において $\tau=0$ となる。また空気消費量 q は N とともにほぼ直線的に増加する。

つぎに空気圧モータの効率について考える。いまモータへの入力パワーを W_a とすると，効率は $\eta = W_s/W_a$ で表される。ここで入力パワーを，完全断熱状態で膨張するパワーとして算出した場合の効率を完全断熱膨張率と呼び，η_{ad} で表す。η_{ad} は次式で表される[2]。

5.3 空気圧アクチュエータの基本的特性

$$\eta_{ad} = \frac{W_s}{\{\kappa/(\kappa-1)\}q_N p_1(\rho_N/\rho_1)\{1-(p_2/p_1)^{(\kappa-1)/\kappa}\}} \tag{5.1}$$

ここに，p_1：モータ入口絶対圧力，p_2：出口絶対圧力，q_N：基準状態（101.3 kPa，0℃）での空気体積流量，ρ_N：基準状態での空気密度，ρ_1：モータ入口における空気密度〔$\rho_1 = p_1/(RT_1)$〕，κ：比熱比である。

モータの効率をより簡単に表す方法として，膨張を考えない表示法もある。このときの効率は無膨張効率と呼ばれ，これを η_0 で表すことにすれば η_0 は次式で表される[2]。

$$\eta_0 = \frac{W_s}{(\rho_N/\rho_1)q_N(p_1-p_2)} \tag{5.2}$$

一般に無膨張効率は断熱膨張効率よりも高くなる。代表的な無膨張効率を図5.3[2] に示す。図は，歯車形，ベーン形およびラジアルピストン形の効率 η_0 と回転数 N〔rpm〕の関係を表す。

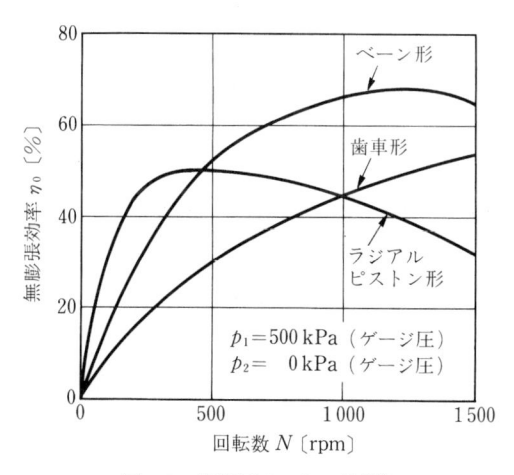

図5.3 空気圧モータの効率[2]

5.3.2 空気圧シリンダ

空気圧シリンダの基本特性を油圧シリンダと対比すると，作動流体の性質上の顕著な違いは圧縮性にあることから，この性質によって両者の特性が大きく

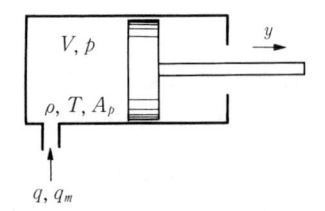

図5.4 空気圧シリンダ

左右される。

図5.4を油圧シリンダとみなすと，4章の式（4.8）より，流入流量 q（体積流量）とピストン変位 y の関係は次式で表される。

$$q = \frac{V}{K}\frac{dp}{dt} + A_p\frac{dy}{dt} \tag{5.3}$$

つぎに図5.4が空気圧シリンダであるものとして，流入する質量流量 q_m と変位 y との関係を求める（空気の場合，温度や圧力によって密度が変化するために，体積流量よりも質量流量を用いる方が便利である）。

質量の連続式として次式が成り立つ。

$$q_m = \frac{d(\rho V)}{dt} \tag{5.4}$$

理想気体に対する状態方程式は次式で表される。

$$p = \rho R T \tag{5.5}$$

ただし，p：絶対圧力〔Pa〕，T：絶対温度〔K〕，R：ガス定数〔J/(kg·K)〕であり，ここに $R = 287$ J/(kg·K) $= 287$ m^2/(s^2·K) である。

まず等温変化が仮定できる場合，式（5.4），（5.5）を変形すれば，q_m は次式で与えられる。

$$q_m = \frac{1}{RT}\frac{d(pV)}{dt} \tag{5.6}$$

つぎに断熱変化を仮定するとき，エネルギー保存則によれば次式が成り立つ。

$$\frac{d}{dt}(c_v \rho V T) = c_p q_m T - p\frac{dV}{dt} \tag{5.7}$$

ただし，c_v：定容比熱，c_p：定圧比熱，である。

ここで，$c_p/c_v = \kappa$，$c_p = \kappa R/(\kappa-1)$ を考慮して式 (5.5)，(5.7) を変形すると次式が得られる。

$$q_m = \frac{1}{RT}\left(\frac{V}{\kappa}\frac{dp}{dt} + pA_p\frac{dy}{dt}\right) \tag{5.8}$$

すなわち，式 (5.8) が断熱変化を仮定したときのエネルギー平衡式である。なお，等温変化のときには上式で $\kappa = 1$ とおけばよい。

例題 5.1 断熱変化を仮定するときのエネルギー平衡式が式 (5.8) で表されることを確認せよ。

解 答 式 (5.5) を式 (5.7) に代入して整理すれば

$$\frac{c_v}{R}\frac{d(pV)}{dt} = c_p q_m T - p\frac{dV}{dt} \tag{5.9}$$

式 (5.9) の左辺の微分を実行した後，q_m について表せば

$$q_m = \frac{1}{RT}\left(\frac{V}{\kappa}\frac{dp}{dt} + p\frac{dV}{dt}\right) \tag{5.10}$$

上式に，V と y の間の関係式

$$\frac{dV}{dt} = A_p\frac{dy}{dt} \tag{5.11}$$

を代入すれば式 (5.8) が得られる。

5.4 空気圧制御弁

油圧制御弁と同じく，空気圧制御弁の役割は，作動流体である圧縮空気の流量，圧力および流れの方向を制御することによって，空気圧アクチュエータの変位，速度，力などを制御することにある。そのための空気圧制御弁としては，油圧制御弁と同様の分類による各種のものが用意されている。したがって，それらの構造，作動原理についても対応の油圧制御弁と基本的に同じである。ただし，作動流体が空気であるため，おもに，空気の圧縮性に起因する特性上の違いが存在する。

各種の空気圧制御弁の内で，アクチュエータの制御用に用いられる弁はおもに電気・空気圧制御弁であり，これらはいずれも電気信号によって駆動される。電気・空気圧制御弁は，比例制御弁と高速オンオフ弁（主には電磁式のオンオフ弁）に大別される。

5.4.1 絞り部を通る空気流量特性

図 5.5 に示すような絞り部を通る空気の流れを考える。圧縮性流体である気体に対するベルヌーイ（Bernoulli）の式によれば，次式の関係が成り立つ。

$$\frac{u^2}{2} + \int \frac{dp}{\rho} = 一定 \tag{5.12}$$

ただし，u は管断面の平均流速を表す。ここで，空気の状態変化を断熱とすると

$$p\rho^{-\kappa} = 一定 \tag{5.13}$$

が成り立つ。ただし，空気では $\kappa = 1.4$ である。

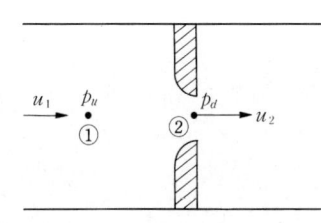

図 5.5 絞り部を通る空気の流れ

式 (5.13) を式 (5.12) に用いれば式 (5.14) が得られる。

$$\frac{u^2}{2} + \frac{\kappa}{\kappa-1}\frac{p}{\rho} = 一定 \tag{5.14}$$

図 5.5 における①と②の 2 点間に対して式 (5.14) を適用すると式 (5.15) が成り立つ。

$$\frac{u_1^2}{2} + \frac{\kappa}{\kappa-1}\frac{p_u}{\rho_1} = \frac{u_2^2}{2} + \frac{\kappa}{\kappa-1}\frac{p_d}{\rho_2} \tag{5.15}$$

流速 u_1 は u_2 に比べて十分小さいとみなして，$u_1 = 0$ とおき，上式を整理すると式 (5.16) が得られる。

$$u_2 = \sqrt{\frac{2p_u}{\rho_1}\frac{\kappa}{\kappa-1}\left\{1-\left(\frac{p_d}{p_u}\right)^{(\kappa-1)/\kappa}\right\}} \tag{5.16}$$

式 (5.5), (5.13), (5.16) より, 質量流量 q_m は式 (5.17) のように表される。

$$q_m = \rho_2 a u_2 = a p_u \sqrt{\frac{2\kappa}{RT_1(\kappa-1)}\left\{\left(\frac{p_d}{p_u}\right)^{2/\kappa}-\left(\frac{p_d}{p_u}\right)^{(\kappa+1)/\kappa}\right\}} \tag{5.17}$$

ただし, T_1 は上流側①での空気温度(絶対温度), a は絞りの開口面積を表す。

例題 5.2 式 (5.5), (5.13), (5.16) より, 質量流量 q_m の関係式 (5.17) が導かれることを確認せよ。

解 答 式 (5.16) から, q_m は式 (5.18) となる。

$$q_m = \rho_2 a u_2 = a \sqrt{\frac{2\rho_2^2 p_u}{\rho_1}\frac{\kappa}{\kappa-1}\left\{1-\left(\frac{p_d}{p_u}\right)^{(\kappa-1)/\kappa}\right\}} \tag{5.18}$$

式 (5.18) に, 式 (5.5), (5.13) よりの関係式

$$p_u \rho_1^{-\kappa} = 一定 \qquad p_d \rho_2^{-\kappa} = 一定$$

$$p_u = \rho_1 R T_1 \qquad p_d = \rho_2 R T_2$$

を代入して整理すれば, 式 (5.17) が得られる。

式 (5.17) によれば, 圧力比 p_d/p_u を 1 から徐々に減少していくと, 流量 q_m は 0 から増大し, やがて, $p_d/p_u = 0.528$ において最大値 $q_{m\text{-max}}$ に達する。その後, 圧力比の減少とともに q_m も減少することを式 (5.17) は表している。しかし現実には, $p_d/p_u = 0.528$ の時点で閉塞状態となり, 絞り部の流速は音速に達する(これを臨界状態という)。したがって $p_d/p_u \leq 0.528$ の範囲では流量は一定となる(その大きさは最大値 $q_{m\text{-max}}$)。すなわち, 臨界状態は

$$\frac{p_d}{p_u} = \left(\frac{2}{\kappa+1}\right)^{(\kappa-1)/\kappa} = 0.528 \tag{5.19}$$

のときであり, 閉塞状態 ($p_d/p_u \leq 0.528$) における流量は, 式 (5.20) によっ

て表される．

$$q_{m\text{-max}} = ap_u \sqrt{\frac{\kappa}{RT_1}\left(\frac{2}{\kappa+1}\right)^{(\kappa+1)/(\kappa-1)}} \tag{5.20}$$

式 (5.17)，(5.20) をまとめれば流量特性は次式によって表される[3]．

$$q_m = ap_u \sqrt{\frac{2}{RT_1}} f(z) \tag{5.21}$$

ただし，上式中の $f(z)$ は $z\ (=p_d/p_u)$ の大きさに応じて式 (5.22)，(5.23) で与える．

$$f(z) = \sqrt{\frac{\kappa}{\kappa-1}(z^{2/\kappa} - z^{(\kappa+1)/\kappa})} \quad (0.528 \leqq z \leqq 1) \tag{5.22}$$

$$f(z) = \sqrt{\frac{\kappa}{\kappa+1}\left(\frac{2}{\kappa+1}\right)^{2/(\kappa-1)}} \quad (0 \leqq z < 0.528) \tag{5.23}$$

式 (5.21) に基づく流量と圧力比 p_d/p_u の定性的な関係を図 5.6 に示す．

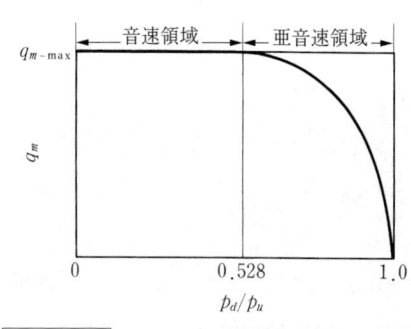

図 5.6　絞り部での空気流量特性

例題 5.3　ポートの開口面積が 3 mm² のスプール弁がある．この弁の上流側圧力 p_u と下流側圧力 p_d をそれぞれ絶対圧で $p_u = 0.5$ MPa，$p_d = 0.1$ MPa に設定し，圧縮空気の温度を 30 ℃で流すときの空気の質量流量 q_m を求めよ．

解答　ガス定数 $R = 287$ m²/(s²·K)，比熱比 $\kappa = 1.4$，絞りの開口面積 $a = 3 \times 10^{-6}$ m²，上流側温度 $T_1 = 303$ K である．

絞り部の圧力比 z を求めると

$$z = \frac{p_d}{p_u} = \frac{1}{5} = 0.2 \ \text{となり，} \ z < 0.528 \ \text{である．}$$

このときの $f(z)$ を求めると

$$f(z) = \sqrt{\frac{\kappa}{\kappa+1}\left(\frac{2}{\kappa+1}\right)^{2/(\kappa-1)}} = \sqrt{\frac{1.4}{2.4}\left(\frac{2}{2.4}\right)^{2/0.4}} = 0.483$$

$$\therefore q_m = ap_u\sqrt{\frac{1}{RT_1}}f(z) = 3\times10^{-6}\times0.5\times10^6\sqrt{\frac{2}{287\times303}}\times0.483 = 3.47\times10^{-3}\ \text{kg/s}$$

5.4.2 比例制御弁[4]

比例制御弁（proportional control valve）は，入力である電気信号に比例した圧力または流量を出力する弁であり，圧力比例制御弁と流量比例制御弁に分けられる。電気・機械変換部から直接に主弁を駆動する直動形のほかに2段増幅形があり，主弁としてはスプール弁，ポペット弁（poppet valve）がおもに用いられている。

ポペット弁の作動原理図を**図5.7**に示す。図示のようにポペット弁は弁体と弁座（valve seat）によって構成されており，弁体が弁座に対して垂直方向に移動することによって流路面積を変える形式の弁である。

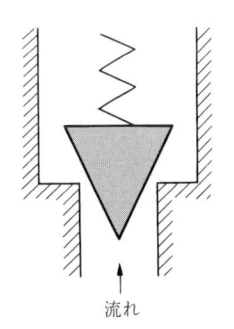

図5.7 ポペット弁の作動原理

比例制御弁の電気・機械変換部には，比例電磁ソレノイド，トルクモータ，フォースモータなどが使用され，また2段増幅形の場合には，初段増幅部にノズルフラッパ機構などが使用されている。代表的な比例制御弁は，比例電磁ソレノイドとスプール弁を組み合わせた直動形であり，ポートP，A，Rをもつ3ポート形，またはポートP，A，B，Rをもつ4ポート形となっている。

3ポート形比例制御弁を用いた空気圧シリンダの駆動システムの一般的な構

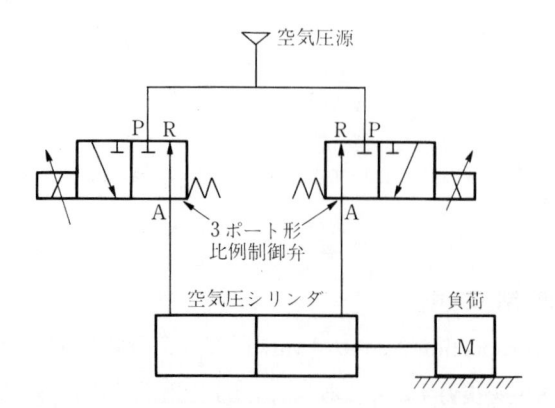

図5.8 比例制御弁を用いた空気圧シリンダの駆動システム

成図を**図5.8**に示す。

[1] 流量比例制御弁

直動形流量比例制御弁（3ポート形）の原理的な説明図を**図5.9**[4]に示す。いま，電気・機械変換部に比例電磁ソレノイドを用いているものとし，それへの入力電流 i に比例したソレノイド力 F_s がスプールの右端から作用している。

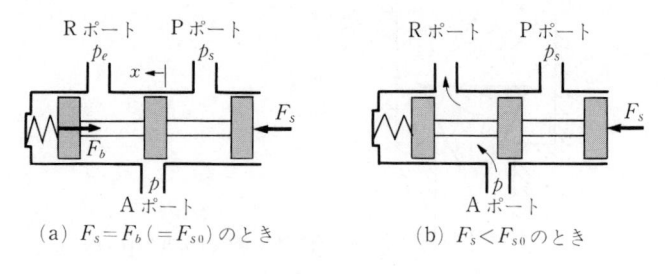

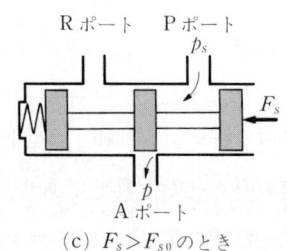

(a) $F_s = F_b (= F_{s0})$ のとき

(b) $F_s < F_{s0}$ のとき

(c) $F_s > F_{s0}$ のとき

図5.9 流量比例制御弁の作動原理[4]

一方,スプールの左端にはばねが取り付けられており,ばね力 F_b が右方向に作用する。図 (a) に示すように,Aポートの開度が0のとき,F_s と F_b が平衡して $F_s = F_b (= F_{s0})$ にあるものとすると,F_s を変化させることにより,ポート A→R またはポート P→A への各流路面積(したがって流量)を制御することができる。

図 (b) は F_{s0} より小さな F_s を与えた場合であり,F_s によってポートA→R への流量が制御される。また図 (c) は F_{s0} より大きな F_s を与えた場合であり,ポート P→A への流量が制御される。

[2] 圧力比例制御弁

直動形圧力比例制御弁(3ポート形)の原理的な説明図を**図5.10**[4] に示す。この弁の特徴は,スプール左端の圧力室にあり,これが出力ポート(Aポート)に連結されていることによって,制御圧力 p をフィードバックした力 F_p が図示の方向に作用する(なお,図中のばねは初期位置設定用のものであり,そのばね力は小さいものとして無視する)。

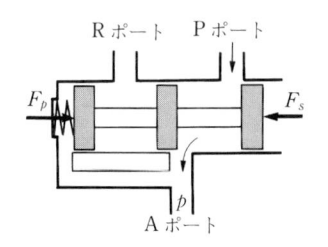

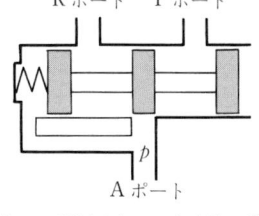

(a) $p <$ 目標圧力のとき $(F_p < F_s)$ (b) $p =$ 目標圧力のとき $(F_p = F_s)$

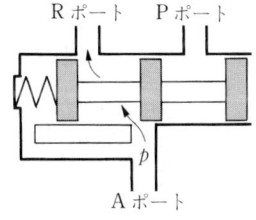

(c) $p >$ 目標圧力のとき $(F_p > F_s)$

図5.10　圧力比例制御弁の作動原理[4]

まず，図 (a) は制御圧力 p が目標とする設定圧力に達していないときの位置関係を表す．このとき，フィードバック力 F_p よりも相対的に大きなソレノイド力 F_{sl} が作用し，PポートとAポートが接続状態にあることから，圧力 p は増大方向に向かう．

次いで図 (b) は，制御圧力 p がやがて目標値に一致したときの位置関係を示しており，このときフィードバック力 F_p とソレノイド力 F_s は平衡状態（$F_p = F_s$）となり，また弁内の流れは遮断される．

図 (c) は，圧力 p が目標値を越えたときの様子を示す．このとき $F_p > F_s$ となることによってスプールは右方向に移動し，同時にAポートとRポートが接続されて，圧力 p は低下する．すなわち，訂正動作がなされて (b) の状態に復帰する．以上の作動原理によれば，ソレノイドへの入力電流 i に比例した制御圧力 p を得ることができる．

5.4.3 高速オンオフ電磁弁

空気圧用高速オンオフ電磁弁の構造図を**図5.11**[5)] に示す．図示の弁は2位置・3ポート形のものであり，その作動原理および主要構造は油圧用の高速オンオフ電磁弁（図4.22）と同じである．近年，空気圧アクチュエータに対して

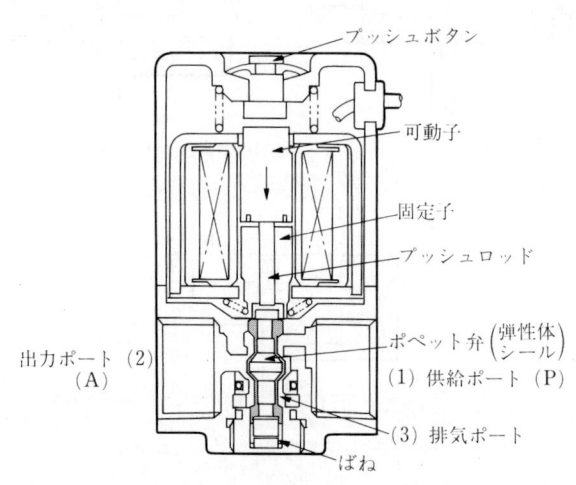

図5.11 空気圧用高速オンオフ電磁弁[5)]

も，コンピュータを使用して，パルス幅変調（PWM）法やパルス符号変調（Pulse Code Modulation：PCM）法などのディジタル的手法による制御が行われている。

まず**図5.12**に示す駆動システムは，2ポート形の高速オンオフ弁を4個（弁1～弁4）用いてPWM制御するときの構成図である。図示の状態は，すべての弁が閉じられていることから，空気圧シリンダは静止状態にある。

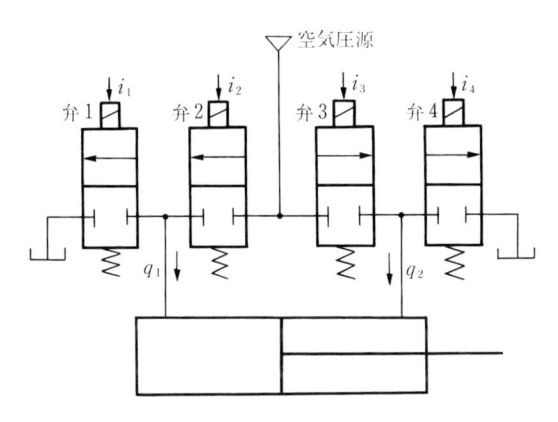

図5.12 パルス幅変調（PWM）方式[3]

この状態から，弁1と弁3を同時にオン状態に切換えれば，両シリンダ室への流入流量がそれぞれ$q_2>0$，$q_1<0$となり，ピストンは左方向へ移動する。逆に，弁1と弁3をオフ状態にして，弁2と弁4をオン状態に切換えれば，$q_1>0$，$q_2<0$となってピストンは右方向へ移動する。すなわち，弁1と弁3へ与える変調率信号をD_1とし，これと逆位相の変調率信号$D_2(=\bar{D}_1)$を弁2と弁4へ与えれば，4章の図4.35（b）に示されるような4ポート形制御弁と等価な特性によってシリンダを制御することができる。

つぎに**図5.13**（a）に示す駆動システムは，2ポート形の高速オンオフ弁を4個用いて，PCM制御するときの構成図である[3]。PCM制御方式とは，制御信号をnビットの2進信号Uに符号化し，これに基づいて，並列結合されたn個のオンオフ弁を駆動するものである。図示のシステムは$n=4$の場合に相当し，各弁の絞り面積が$S_0:S_1:S_2:S_3=2^0:2^1:2^2:2^3$の大きさの比に設定され

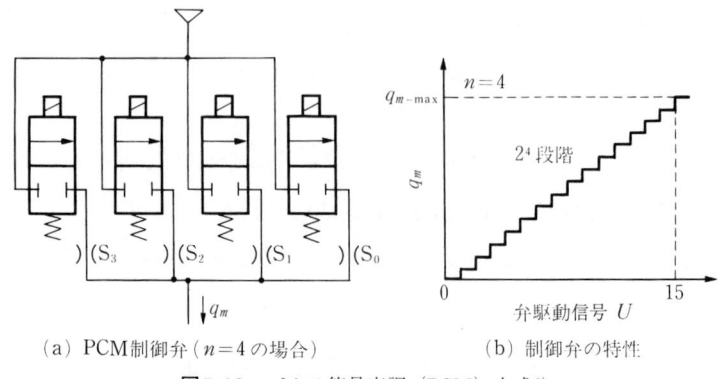

(a) PCM制御弁 ($n=4$の場合)　　(b) 制御弁の特性

図5.13 パルス符号変調 (PCM) 方式[3]

ている．このシステムを弁の制御信号Uによって駆動すれば，絞りの総面積が2^4段階に変化することから，図5.13 (b) に示すように，16段階の吐出流量q_mが得られる．

5.5　空気圧サーボシステム

空気圧アクチュエータをPTP制御する手法として，従来からオンオフスイッチなどを用いてのシーケンス制御が多用されてきた．しかしながらこの方法による制御では，位置決め精度に少なからぬ限界をきたし，さらにはシステムの高機能化を実現することが難しい．

一方，サーボシステムを構成し，これにエレクトロニクス技術を融合化すれば，連続的な軌道制御（CP制御）を高速・高精度で実現することができる．また変位量の制御のみならず，速度や力の制御などにも容易に対応することができる．

5.5.1　空気圧シリンダの駆動特性[3]

空気圧シリンダの基本的な駆動システムとして**図5.14**のようなモデルを考える．この駆動システムは，先の図5.4に対して，流量比例制御弁，駆動負荷Mが新たにつけ加わっている．システムの平衡状態をq_{m0}, p_0, x_0, y_0，そこから

5.5 空気圧サーボシステム

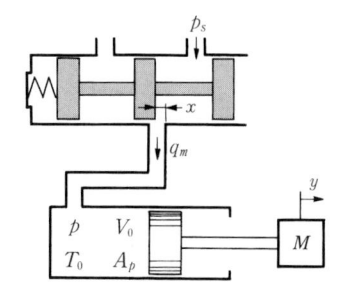

図5.14 空気圧シリンダの駆動システム

の微小変動量をあらためて q_m, p, x, y とおくと，駆動特性はつぎのように表される。

まず，弁の流量特性は，式（5.24）による線形近似式で与えられる。

$$q_m = k_x x - k_p p \tag{5.24}$$

つぎに，シリンダが平衡状態にあるときのシリンダ室内における温度，容積をそれぞれ T_0, V_0 とおくと，式（5.8）から流入流量 q_m は式（5.25）で表される。

$$q_m = \frac{1}{RT_0}\left(\frac{V}{\kappa}\frac{dp}{dt} + p_0 A_p \frac{dy}{dt}\right) \tag{5.25}$$

負荷の運動方程式は

$$M\frac{d^2 y}{dt^2} + b\frac{dy}{dt} = A_p p \tag{5.26}$$

ただし，M：負荷の質量，b：負荷に作用する粘性減衰係数である。

式（5.24）〜（5.26）が空気圧シリンダの駆動特性を与える基礎的関係式である。

これら3式から q_m を消去してラプラス変換すると，式（5.27），（5.29）が得られる。

$$k_x x(s) = \left(k_p + \frac{V_0}{RT_0 \kappa}s\right)p(s) + \frac{p_0 A_p}{RT_0}sy(s) \tag{5.27}$$

$$(Ms + b)sy(s) = A_p p(s) \tag{5.28}$$

上の2式（5.27），（5.28）の関係をブロック線図表示すれば**図5.15**が得られる。さらに式（5.27），（5.28）の2式から $p(s)$ を消去すれば，入力を $x(s)$，出

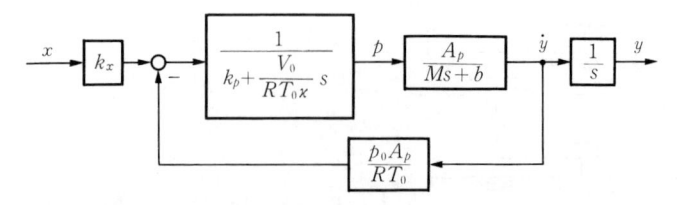

図5.15 空気圧シリンダ駆動システムのブロック線図

力を $y(s)$ とするときの式（5.29）のような伝達関数が得られる．

$$\frac{y(s)}{x(s)} = \frac{1}{s}\frac{K_a\omega_n^2}{s^2 + 2\zeta\omega_n s + \omega_n^2} \tag{5.29}$$

ただし

$$K_a = \frac{A_p k_x RT_0}{p_0 A_p^2 + bk_p RT_0}, \quad \zeta = \frac{RT_0\kappa M k_p + V_0 b}{2\sqrt{\kappa V_0 M(p_0 A_p + bk_p RT_0)}},$$

$$\omega_n = \sqrt{\frac{\kappa(p_0 A_p^2 + bRT_0 k_p)}{MV_0}} \tag{5.30}$$

式 (5.29) によれば，空気圧シリンダ駆動システムの伝達関数は3次遅れ系として表現できる．3次の遅れ系となる要因は，空気の圧縮性に基づくシリンダ室の容積効果（1次の遅れ）と負荷質量の慣性効果（2次の遅れ）に基づいている．

式 (5.30) によれば，$b = 0$（摩擦を無視）とするときの ω_n は式 (5.31) で表される．

$$\omega_n = \sqrt{\frac{A_p^2 \kappa p_0}{MV_0}} \tag{5.31}$$

式 (5.31) は，空気圧シリンダの固有角周波数を与える関係式にほかならない．また，式 (5.31) によれば，空気圧シリンダのコンプライアンス（compliance）K_L（これは $\omega_n^2 = k/M$ とおいたときのばね定数成分 k の逆数で，圧縮のされやすさを表す）は式 (5.32) で表される．

$$K_L = \frac{V_0}{A_p^2 \kappa p_0} \tag{5.32}$$

ここに，κp_0 は，断熱変化する空気の体積弾性係数に相当するものであり，この量は油圧作動油の体積弾性係数 K と比較するときわめて小さい（約 $1/1\,000 \sim 1/10\,000$）。この違いに起因する固有角周波数の低下と，一方，コンプライアンスの増加が，油圧式と比べたときの空気圧シリンダの大きな特徴である[3]。

例題 5.4 図5.12中の空気圧シリンダがつぎのような諸元をもつときの固有角周波数 ω_n とコンプライアンス K_L を求めよ。ただし，平衡状態での圧力が絶対圧で $p_0 = 0.4$ MPa, 比熱比を $\kappa = 1.4$ とする。

質量 $M = 20$ kg, ストローク = 30 cm, シリンダの内径 = 10 cm

解 答

$$\omega_n = \sqrt{\frac{A_p^2 \kappa p_0}{MV_0}} = \sqrt{\frac{(\pi/4) \times 0.1^2 \times 1.4 \times 0.4 \times 10^6}{20 \times 0.3}} = 27.1 \text{ rad/s}$$

$$K_L = \frac{V_0}{A_p^2 \kappa p_0} = \frac{0.3}{(\pi/4) \times 0.1^2 \times 1.4 \times 0.4 \times 10^6} = 0.682 \times 10^{-4} \text{ s}^2/\text{kg}$$

5.5.2 空気圧サーボシステム

近年，空気圧の分野においても電子制御を取り入れた電子・空気圧制御技術が大きく進展しつつある。空気圧サーボシステムの一般的構成を**図5.16**に示す。その基本的な構成法ならびに制御法は油圧サーボシステムの場合と同じであり，制御方式はアナログ式とディジタル式に大別される。空気圧サーボシステム用の制御弁としては，アナログ式制御法では，空気圧サーボ弁や比例制御弁（流量比例制御弁と圧力比例制御弁）が使用され，またディジタル式制御弁ではオンオフ高速電磁弁がおもに使用される。

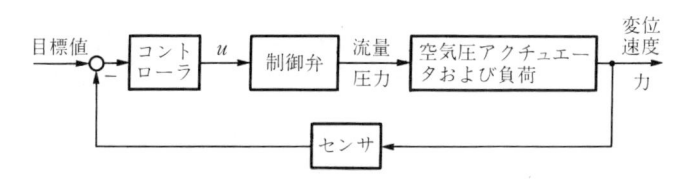

図5.16 空気圧サーボシステムの一般的構成

演習問題

【1】 図5.14に示す空気圧シリンダ駆動システムの関係は式 (5.24) ～ (5.26) で表される。これらの関係をブロック線図表示すると図5.15のようになることを確認せよ。

【2】 図5.14に示す空気圧シリンダ駆動システムの関係は式 (5.24) ～ (5.26) で表される。これらの関係から，空気圧シリンダの固有角周波数 ω_n が式 (5.31) によって与えられることを確認せよ。

6 ニューアクチュエータ

　前章までに述べた電動式，油圧式，空気圧式のアクチュエータのほかに，新原理，新素材を使ったニューアクチュエータ（new actuator。新世代アクチュエータとも呼ばれる）がある。ニューアクチュエータのうち，従来のものに比べて格段に小さな機械（マイクロマシン：大きさは十mm～1mm程度）を実現するためのアクチュエータをマイクロアクチュエータ（micro actuator）と呼ぶ。これらニューアクチュエータは，現在研究開発途上のものが多いが，一部はすでに実用化がなされ，多方面にわたって活発に用いられている。

6.1　各種のニューアクチュエータ

　一般にアクチュエータを駆動するためのエネルギー源としては，電気，磁気，流体圧（油圧・空気圧）などのエネルギーのほかに，熱，光，化学エネルギーなどがある。これらエネルギー源によって分類すると，ニューアクチュエータは**表6.1**のように示される。表中には代表的なもののみを示したが，実際には各種多様なニューアクチュエータが開発中である。
　表6.1中のニューアクチュエータを，変換原理と特徴点に注目して整理すると**表6.2**のように示される。
　表6.2に示したニューアクチュエータのうちで圧電/電歪アクチュエータを，その駆動方式によって分類すると，印加する電圧（電界）に対して生じる静的な変位（ひずみ）を利用する形式と，交番電圧によって励起される振動を利用

6. ニューアクチュエータ

表6.1 エネルギー源によるニューアクチュエータの分類

エネルギー源	ニューアクチュエータ
電　気	圧電/電歪アクチュエータ，超音波モータ，静電アクチュエータ，電気粘性 (Electro Rheological：ER) 流体アクチュエータ，電界共役流体アクチュエータ
磁　気	超磁歪アクチュエータ，磁性 (Magneto-Rheological：MR) 流体アクチュエータ
流体圧	ラバチュエータ，フレキシブルマイクロアクチュエータ
熱	形状記憶合金 (Shape Memory Alloy：SMA) アクチュエータ，水素貯蔵合金 (Metal Hydride：MH) アクチュエータ
光	光アクチュエータ，レーザ光アクチュエータ
化学エネルギー	高分子アクチュエータ（メカノケミカルアクチュエータ）

表6.2 各種ニューアクチュエータの変換原理と特徴

種　類	変換原理	特　徴
圧電/電歪アクチュエータ（セラミックスアクチュエータ）	電気→力（ひずみ）逆圧電/電歪効果	高速応答，力大，変位小，積層化→変位拡大，位置分解能大
超音波モータ	電気→力（超音波振動子）	進行波形と定在波形，トルク大，位置分解能大
電気粘性流体アクチュエータ	電気粘性効果（みかけの粘性変化）	パワー密度大，高速応答，流体ポンプ，弁
磁性流体アクチュエータ	粒子コロイドの磁化作用	パワー密度大，流体ポンプ，制御弁，人工筋
静電アクチュエータ	電気→静電気力	単純構造，マイクロ化，微小モータ，人工筋
電界共役流体アクチュエータ	DC高電圧→流体中でジェット流を発生	簡単構造のマイクロマシン（ポンプ，モータ）
超磁歪アクチュエータ	磁気→力（ひずみ）磁歪効果（超磁歪材料）	ケーブルレス駆動可，パワー密度大，変位大
ラバチュエータ（ゴム人工筋）	流体圧→力（ひずみ）	空気圧式と油圧式，人工筋，高速応答，マイクロ化
形状記憶合金アクチュエータ	熱→力（ひずみ）形状記憶効果	Ti-Ni合金，パワー密度大，マイクロ化
光アクチュエータ	光→電気→力（ひずみ）光ひずみ効果（=光起電力効果+逆圧電効果）	マイクロ化，光通信，PLZT素子 (Pb, La, Zr, Ti)
高分子アクチュエータ	高分子間の疎水性相互作用	高分子ゲル，高速応答，パワー密度大，人工筋

する形式(超音波モータなどの場合)に大別される。前者の形式は,さらに,変位を連続的に駆動するアナログ方式と,オンオフ的に駆動するディジタル方式に分類される。これら圧電材料または電歪材料としては,もっぱらセラミックス(多結晶体)が用いられることからこれら両者を用いて作製された素子を総称してセラミックスアクチュエータ(ceramics actuator)と呼んでいる。

圧電/電歪アクチュエータ(セラミックスアクチュエータ)は,近年,精密機械の微小位置決め機構,加工装置の精密制御,インクジェットプリンタ(のインク噴射用),光学,小形モータをはじめさまざまな分野において,とりわけ変位素子として多用されている。その理由は,圧電/電歪アクチュエータは変位量こそ小さいが,変位精度・発生力・応答速度ともにほかのアクチュエータよりも優れており,また小形化が可能であるからである。なお,圧電/電歪アクチュエータを総称して圧電アクチュエータ(広義の圧電アクチュエータ)と呼ぶ場合が多いが,本書では両者を区分して用いることにする。

6.2 圧電アクチュエータ

圧電素子(ピエゾ素子とも呼ぶ)における圧電効果(ピエゾ効果)とは,結晶に力あるいはひずみを加えると電圧(電界)が発生する現象をいい,逆に電圧を印加すると力やひずみが発生する現象を逆圧電効果という。逆圧電効果では,1次曲線で表される電気機械変換作用,すなわち印加電界に比例したひずみが発生し,その関係(電界誘起ひずみ曲線)は**図6.1**[1]のように示される(これに対して,電歪効果における関係は2次曲線となる)。

圧電素子としては,古くから水晶やロッシェル塩などの単結晶が知られているが,近年では,チタン酸バリウム($BaTiO_3$),チタン酸鉛($PbTiO_3$),チタン酸ジルコン酸鉛〔$Pb(Zr, Ti)O_3$:これはPZTと通称されている〕などの圧電セラミクスが開発・利用されている。

これらPZT系圧電セラミックスは,圧電性が大きく,小形,高剛性,安価などの特長がある。圧電アクチュエータ(piezo electric actuator)によれば,

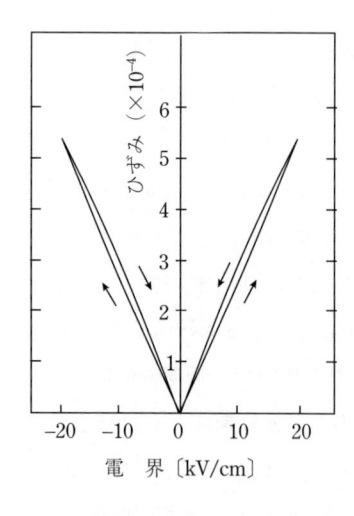

図6.1 圧電素子（BST）の電界誘起ひずみ特性[1]

　ミクロンオーダの微小な変位の制御も可能であり，また発生力が大きく速応性にも優れているため，精密・高速度の位置決め用，ならびに圧力や動力源用として使用される。このような逆圧電効果を利用したアクチュエータが圧電アクチュエータであり，近年，マイクロマシンの中心を担う機械要素として脚光を浴びている。

6.2.1　作　動　原　理

　圧電セラミックスは，高温で焼き固めた多結晶の強誘電体で，これに分極（poling）処理を施すことによって圧電性を持たせている。圧電セラミックスは，微小な結晶粒の集合体であるが，分極処理前では，**図6.2**（a）に示すように，各結晶粒の分極（自発分極）は分域ごとに任意の方向を向いている。そのため，全体としての分極モーメントは0となる。そこで分極処理として，キューリー温度（Curie temperature）に達するまでセラミックスを熱しながら強い直流電界を加える。その結果として，図6.2（b）に示されるように，内部の自発分極は電界に平行な方向に揃えられる（分極方向の総和を分極軸方向という）。強誘電性の性質により，電界を取り去った後も分極モーメントが残る

6.2 圧電アクチュエータ

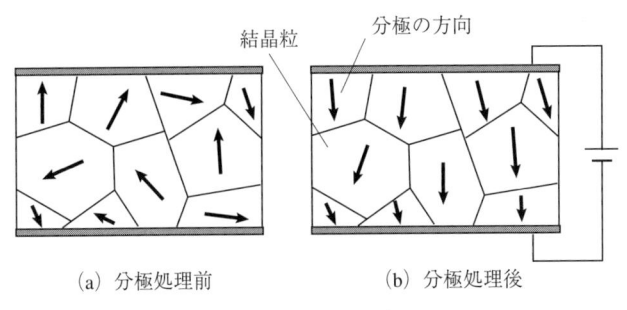

図中ラベル: 結晶粒, 分極の方向

(a) 分極処理前　　(b) 分極処理後

図6.2 圧電素子の分極処理

ので，大きな圧電性を持つことになる（なお，キューリー温度は，圧電性が消失する臨界温度のことを指すので，いったんキューリー点を超えたものは，再度分極処理を施さねばならない）。

このようにしてできる圧電効果には，縦効果と横効果があり，これらの効果に基づくアクチュエータをそれぞれ縦効果アクチュエータおよび横効果アクチュエータと呼ぶ。縦効果アクチュエータとは，**図6.3**（a）に示すように，分極P方向に電気信号Eを加えると，それと平行方向に変位Yが生じるものである。一方，横効果アクチュエータとは，図6.3（b）に示すように，分極P方向に電気信号Eを加えると，それと垂直方向に変位Yが生じるものである。

(a) 縦効果アクチュエータ　　(b) 横効果アクチュエータ

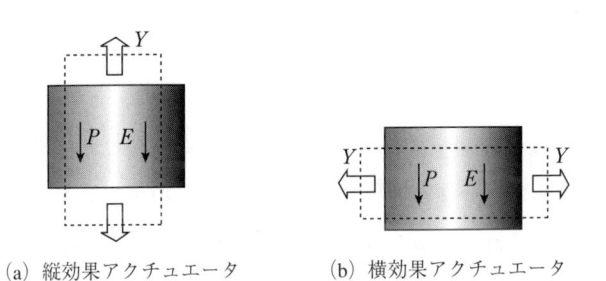

図6.3 圧電アクチュエータの縦効果と横効果

6.2.2 構造による分類

圧電アクチュエータをその構造によって分類すると，**図6.4**に示すように単板形，バイモルフ（Bi-morph："二つの組成"の意）形および積層形の3種類がある。単板形は図（a）に示すように1枚の圧電素子の縦効果を利用するものであるが，この構造では変位量はきわめて少なく実用性に乏しい。そこで変位量を増大させるために工夫されたものが図（b）と（c）に示すバイモルフ形と積層形である。

バイモルフ形は，厚み方向に分極された2板の薄い圧電板から構成されてお

(a) 単板形　　(b) バイモルフ形　　(c) 積層形

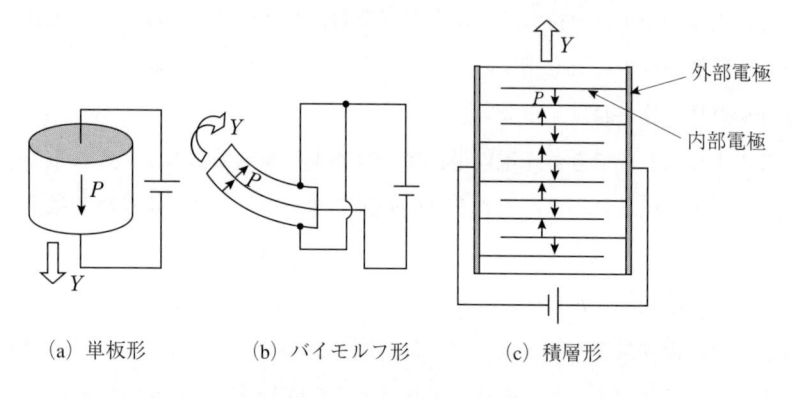

図6.4 圧電アクチュエータの種類

り，内部に電極が埋め込まれて貼り合わされている。図示のような電圧を印加すると上部の素子は，圧電横効果によって縮み，下部の素子は伸びるので，その結果，全体としては上部に曲がることになる。

積層形は，薄板状に加工したセラミクスを数十～数百枚積層したもので，おのおのは厚み方向の分極が逆になるように交互に積層してある。内部には電極が埋め込まれ，これが一層おきに外部で電気的に並列に接続された構造をしている。これにより印加電圧の向きに対し，全圧電セラミクスの分極の向きが同じになり，圧電縦効果によって積層方向に変位する。積層形は，ほかの形式に比べて変位量も比較的大きく，また精度，応答速度，駆動力とも優れている（たとえば，分解能0.1 μm以下，応答時間100 μs以下，駆動力は最大10 kN

など）．

　これらの形式によってアクチュエータとしての諸特性（変位拡大率，発生応力，変換効率，応答周波数など）が異なるため，用途に応じて最適な型を選択する必要がある．

6.2.3　静　特　性

　圧電アクチュエータのおもな静特性は，印加電圧 V 〔V〕と（ひずみに基づく）変位量 y 〔μm〕の関係である電圧-変位特性，ならびに発生力-変位特性によって表される．これら二つの特性をそれぞれ図6.5と図6.6に示す（両図とも，積層形とバイモルフ形について定性的な特性が示されている）．電圧-変位特性の関係曲線は，電圧が小さいうちは，ほぼ電圧に比例するひずみが生じるものの，電圧が大きくなるとヒステリシスをもつことが問題点である（この問題点を克服したものが後述の電歪アクチュエータである）．図6.5，6.6によれば，バイモルフ形の特徴として，発生力が小さい反面大きな変位を生ずることが示されている（一方積層形では，変位が小さい反面大きな発生力を生ずる）．

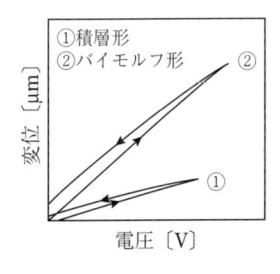

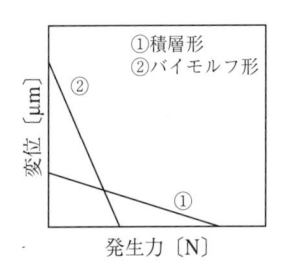

図6.5　電圧-変位特性　　　　図6.6　発生力-変位特性

6.3　電歪アクチュエータ

　電歪素子における電歪効果は，2次曲線で表される電気機械変換作用，すなわち印加電界の2乗に比例するひずみを生じ，その関係（電界誘起ひずみ曲

6. ニューアクチュエータ

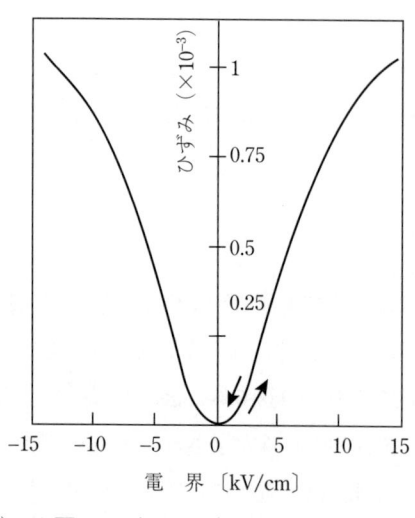

図6.7 電歪素子（PMN-PT）の電界誘起ひずみ特性

線）は図 6.7[1] のように示される。鉛-マグネシウム-ニオビウム結晶〔$Pb(Mg_{1/3}Nb_{2/3})O_3$：通称はPMN〕などのセラミックス電歪素子が用いられる。この素子を用いた電歪アクチュエータ（electrostrictive actuator）は，圧電アクチュエータと比べて，変位量は小さいが大きな力を発生することができ，また，ひずみのヒステリシスはほとんどない。さらに数kHzの応答周波数（高速応答）を得ることができるなどの優れた特長がある。

6.4 超音波モータ

圧電/電歪素子に超音波領域の周波数をもつ交番電圧を印加すると，素子に超音波振動が励起される。超音波モータ（ultrasonic motor）はこの超音波振動を駆動力とするもので，従来の電気モータの駆動原理である電磁気作用を使わない，まったく新しい動作原理に基づくモータである。超音波モータは，図6.8に示すように，圧電素子を接着した金属の弾性体（ステータ）とロータから構成される。

圧電素子を励振して，弾性体表面に進行波を発生させ，それによって起こるステータ表面上の波の先端での楕円運動とロータの接触による摩擦力を利用し

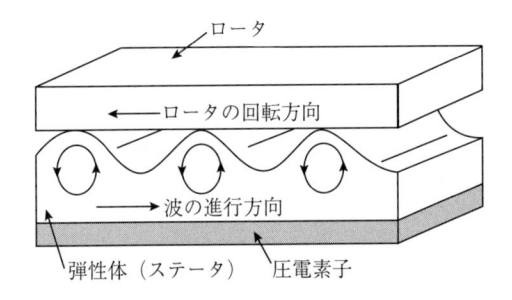

図6.8 超音波モータの作動原理図

て（進行波と逆の方向に）ロータを移動させる。この方式のモータを進行波形超音波モータと呼び（別名：サーフィン形超音波モータ），つぎのような特徴がある。

① ギヤを用いることなく低速・高トルクが得られる。
② 高速応答が可能で，保持トルクが大きい。
③ 非磁性材料で構成できる。
④ μm単位の位置決めが容易。
⑤ 小形・軽量，構造が簡単で，音が静かである。

これらの特長を活かして，カメラのオートフォーカス機構，腕時計の振動アラーム機構，義手などに応用されている。

引用・参考文献

第1章
1) B. C. Kuo : Automatic Control Systems, Prentice Hall, 丸善 (1967)
2) 市川邦彦：自動制御の理論と演習, p. 76, 産業図書 (1971)
3) ナショナルサーボモータ技術テキスト, 松下電器産業（株）モータ事業部
4) 末松良一：制御用マイコン入門, メカトロニクス入門シリーズ, オーム社 (1983)
5) 高木章二：ディジタル制御入門, メカトロニクス入門シリーズ, オーム社 (1986)

第2章
1) 宮入庄太：アクチュエータ実用事典, p. 9, フジ・テクノシステム (1988)
2) 大西和夫：第2部 モータの原理, NIKKEI MECHANICAL, 8.21号, p. 60 (1989)
3) 吉岡茂樹, 他：自動車における電子油圧制御技術の動向, 日産技報, 23号, p.147 (1987)
4) 池辺 洋, 他：サーボ機構とその要素, p. 212, オーム社 (1979)
5) 井澤 実：進展する位置決め機構の高精度化, M&E, 5月号, p. 98 (1991)
6) 岡田養二, 他：サーボアクチュエータとその制御, コロナ社 (1989)

第3章
1) 橋本順次：エレクトロ-メカニカル機器, p. 284, ラジオ技術社 (1979)
2) 早川 脩：メカトロニクス入門 第14回 油圧制御機器 (2), パワーデザイン, Vol. 29, No. 4, p. 96 (1991)
3) 内野研二：圧電/電歪アクチュエータ, p. 79, 森北出版 (1986)
4) 大西和夫：第2部 モータの原理, NIKKEI MECHANICAL, 8.21号, p. 60 (1989)
5) 宮入庄太：アクチュエータ実用事典, p. 580, フジ・テクノシステム (1988)
6) 船久保熙康：制御用アクチュエータ, p. 131, 産業図書 (1984)
7) オリエンタルモータ：技術資料より

第4章

1) ダイキン工業（株）カタログより
2) 市川常雄,他：油圧工学, p. 63, p. 66, p. 67, 朝倉書店（1981）
3) 早川 脩：メカトロニクス入門 第9回 油圧アクチュエータ（1）, パワーデザイン, Vol. 28, No. 11, p. 85（1990）
4) 早川 脩：メカトロニクス入門 第10回 油圧アクチュエータ（2）, パワーデザイン, Vol. 28, No. 12, p. 94（1990）
5) 池辺 洋,他：サーボ機構とその要素, p. 321, オーム社（1979）
6) 油研工業（株）カタログより
7) 荒木一雄,他：電子油圧ディジタル制御機器"HYDIS"について, 不二越技報, Vol. 42, No. 1, p. 51（1986）
8) 武藤高義,他：2方向型電磁弁による油圧アクチュエータのPWMディジタル制御, 油圧と空気圧, Vol. 19, No. 7, p. 564（1989）
9) 末松良一,他：差動PWM方式による油圧アクチュエータ系のディジタル制御, 日本機械学会論文集C編, Vol. 55, No. 516, p. 2053（1989）
10) 則次俊郎：エアーシリンダによる位置決め制御の高精度化, パワーデザイン, Vol. 26, No. 3, p. 26（1988）

第5章

1) 宮入庄太：アクチュエータ実用事典, p. 341, フジ・テクノシステム（1988）
2) 山口 惇,他：油空圧工学, p. 110, コロナ社（1989）
3) 則次俊郎：エアーシリンダによる位置決め制御の高精度化, パワーデザイン, Vol. 26, No. 3, p. 26（1988）
4) シーケーディ（株）技術グループ：空気圧の基礎知識, パワーデザイン, Vol. 28, No. 10, p. 28（1990）
5) 田中裕久：油空圧のディジタル制御の応用, p. 169, 近代図書（1987）

第6章

1) Uchino,K.：Mat'l. Res. Soc. Bull., XVIII, No.4, p.42（1993）
2) 内野研二：圧電/電歪アクチュエータ, 森北出版（1986）

演習問題の解答

第1章

【1】 システムの運動方程式は

$$m\frac{d^2x}{dt^2} + c\frac{dx}{dt} + kx = ky$$

上式をラプラス変換すれば，伝達関数は次式のように求められる．

$$G(s) = \frac{k}{ms^2 + cs + k} = \frac{\omega_n^2}{s^2 + 2\zeta\omega_n s + \omega_n^2}$$

ただし，$\zeta = c/(2\sqrt{km})$, $\omega_n = \sqrt{k/m}$

【2】

$$\omega_n = \frac{1}{\sqrt{LC}}, \qquad \zeta = \frac{R}{2}\sqrt{\frac{C}{L}}$$

第2章

【1】 動力用の電気モータは，必要とされる出力パワーをもちながら，およその規定回転数でまわり続けることができれば機能上，十分といえる．
　一方，制御用のサーボモータでは，まず高精度での回転数制御が求められる（たとえば，1回転を1/1 000°以内の角度で停止したり，1 000 rpmに対して±1 rpm以内の精度で回転するなど）．つぎに，急速な加速・減速や逆回転の繰り返しに耐え，また静止時にはその位置を保持・拘束する機能が要求される．

【2】 ピニオンが1回転（2π）すると，ラックの移動量は（$z \times p$）となることより証明される．

【3】 ピニオンがラックを駆動するに要するトルクをτ'，それが直線方向（x方向）に変換されたときの力をfとすると，式（a）～（c）が成り立つ．

$$\tau = J\frac{d^2\theta}{dt^2} + \tau' \quad \text{(a)} \qquad f = m\frac{d^2x}{dt^2} \quad \text{(b)} \qquad f = i\tau' \quad \text{(c)}$$

$\theta = ix$の関係を考慮して上の3式を変形すれば次式が得られる．

$$\tau = \left(J + \frac{1}{i^2}m\right)\frac{d^2\theta}{dt^2} \qquad \text{(d)}$$

すなわち，上式は式 (2.18) と同形となる。

第3章

【1】 例題3.1によれば，式 (3.13)，(3.16)，(3.21) をラプラス変換した結果は式 (3.A) ～ (3.C) で表される。これら3式から $i(s)$ と $\tau(s)$ を消去して $\omega(s)/v(s)$ を求めれば式 (3.27) が得られる。

【2】 まず p は次式となる。

$$p = \frac{\mu\mu_0 S}{\mu_0 l + \mu x}$$

上式を式 (3.a) に代入して x で微分すれば式 (3.7) が得られる。

第4章

【1】 ゼロラップ形弁のとき：式 (4.33) から

$$\frac{\partial Q_L}{\partial X} = \sqrt{1-(\operatorname{sgn} X)P_L}$$

$$\frac{\partial Q_L}{\partial P_L} = -\frac{1}{2}(\operatorname{sgn} X)X\{1-(\operatorname{sgn} X)P_L\}^{-1/2}$$

平衡点を $P_L = X = 0$ とすると

$$\frac{\partial Q_L}{\partial X} = 1, \qquad \frac{\partial Q_L}{\partial P_L} = 0$$

したがって式 (4.46) が得られる。

負重合形弁のとき，式 (4.40) から

$$\frac{\partial Q_L}{\partial X} = \sqrt{1-P_L} - \sqrt{1+P_L}$$

$$\frac{\partial Q_L}{\partial P_L} = -\frac{1}{2}(1+X)(1-P_L)^{-1/2} - \frac{1}{2}(1-X)(1+P_L)^{-1/2}$$

平衡点を $P_L = X = 0$ とすると

$$\frac{\partial Q_L}{\partial X} = 2, \qquad \frac{\partial Q_L}{\partial P_L} = -1$$

したがって式 (4.47) が得られる。

【2】 式 (4.39) の両辺を $q_0 = cU\sqrt{p_s}$ で割り，さらに $Q_L = q_L/q_0$，$P_L = p_L/p_s$，$X = x/U$ などの関係を代入すれば式 (4.40) が得られる。

【3】 式 (4.26) に, $n = 700$ [l/min], $\tau = 40$ [N·m], $\Delta p = 18$ [MPa] $= 18 \times 10^6$ [N/m^2], $q = 12$ [l/min] $= 12 \times 10^{-3}$ [m^3/min] を代入すれば, 全効率 η は 81.4% となる。

第5章

【1】 ヒント：固有角周波数を求めようとするこの場合, 式 (5.23) において $b = 0$ とおく。

索引

【あ】

アキシャルピストンモータ	120
アクチュエータ	36
アセンブラ	30
アセンブリ言語	30
圧縮率	110
圧電アクチュエータ	169
圧電効果	169
圧電素子	169
圧電/電歪アクチュエータ	169
圧力比例制御弁	159
圧力流量係数	136
アドレスバス	28
アナログコントローラ	21
アナログ式油圧サーボシステム	139
アナログ量	16
アフタクーラ	149
アーマチュア	69
アラゴの円板現象	42
案内用要素	53

【い】

行き過ぎ量	10
位置決め制御	54, 76
1次遅れ系	9
1相励磁方式	101
インバータ	85, 87

【う】

運動伝達・変換機構	50

【お】

応答周波数	14, 47
オーバシュート	10
オブジェクトプログラム	29
オフセット	10
オリフィス方程式	131
オンオフソレノイド	62
オンオフ弁	127

【か】

回生制動	80
外接歯車モータ	116
回転磁界	85
回転変動率	116
開ループ系	4
可逆制御方式	78
がた	46
可動コイル	66
過渡応答	5, 100
過渡特性	4
可変容量形モータ	121

【き】

記憶装置	28
機械語	29
機械的時定数	74
軌道制御	54, 162
起動トルク	116
逆圧電効果	169
逆起電力	42, 71
吸引力特性	60
キューリー温度	170
共振現象	14, 95, 103
極数	87

【く】

空気圧アクチュエータ	39, 44, 50, 148
空気圧サーボシステム	162
空気圧システム	148
空気圧縮機	148
空気圧シリンダ	151, 162
空気圧制御弁	153
空気圧モータ	150
クーロン摩擦力	111
駆動回路	21, 81, 103
クロック信号	28

【け】

形状記憶合金アクチュエータ	168
ゲイン	11
減圧弁	149
限界周波数	14, 47
減衰振動	5
減衰率	7
減速歯車列	51

【こ】

高速オンオフ電磁弁	136, 160
高速オンオフ弁	128
高分子アクチュエータ	168
交流サーボモータ	83
コミュテータ	68
ゴム人工筋	168
固有角周波数	7, 142, 164
コントローラ	19
コントロールバス	28

コンパイラ	29	制御用アクチュエータ	37	直流モータ	67		
コンバータ	37	整定時間	10	【て】			
コンピュータ	81	静電アクチュエータ	168				
コンプライアンス	164	静特性	45, 71, 173	ディジタルコントローラ	21		
【さ】		整流機構	68	ディジタルサーボ	77		
		整流子	68	ディジタルサーボシステム			
最大応答周波数	100	積層形	172		17, 26		
最大自起動周波数	100	セラミックス		ディジタル式油圧			
サージング	56	アクチュエータ	169	サーボシステム	144		
サーボシステム	1	0次ホールド	33	ディジタル量	16		
サーボ弁	124	ゼロラップ形スプール弁		定常偏差	10		
3次遅れ系	164		130	データバス	28		
3相交流	85	ゼロラップ形の弁	130	デューティ	78		
サンプリング	31	線形近似	135	電界共役流体			
【し】		全効率	115	アクチュエータ	168		
		センサ	22	電界誘起ひずみ曲線			
磁気回路	60	【そ】			169, 173		
シーケンス制御	147			電気・油圧サーボ弁	124		
磁性流体アクチュエータ 168		相差角	87	電気サーボモータ	38		
質量流量	152, 155	速度制御	76	電機子	69		
時定数	9, 73	速度制御法	90	電気的時定数	75		
始動トルク	72	ソースプログラム	29	電気粘性流体			
斜軸式モータ	121	ソフトウェアサーボ	17	アクチュエータ	168		
斜板式モータ	121	ソレノイド	58	電気リニアモータ	38		
周波数応答	10	【た】		電磁切換弁	62, 128		
周波数伝達関数	11			電磁ソレノイド	58		
周波数特性	10	体積弾性係数	110	電磁比例制御弁	127		
準・閉ループ系	55	タコメータジェネレータ	24	伝達関数	5, 75		
状態方程式	152	脱出トルク	99	電動アクチュエータ			
【す】		脱調	87		37, 40, 49		
		縦効果アクチュエータ	171	電歪効果	173		
垂下特性	72	タンク	149	電歪素子	173		
スイッチングアンプ	82	断熱変化	153	【と】			
スウェイング	56	単板形	172				
ステッピングモータ	93	【ち】		等温変化	152		
ステップ応答	5			同期形サーボモータ	85		
ステップ角	93	力/質量比	47	同期形モータ	83		
スプール弁	157	中央処理装置	27	同期速度	89		
すべり	89	チューニング	20	動特性	4, 73		
スルー領域	100	超音波モータ	174	ドライヤ	149		
【せ】		超磁歪アクチュエータ	168	トルク角	87		
		直動形サーボ弁	126	トルク/慣性比	47		
制御アルゴリズム	19	直流サーボモータ	67	トルク効率	114		

索引　183

トルク変動率	116
トルクモータ	64, 125

【な】

内接歯車モータ	117

【に】

2次遅れ系	7
2相励磁方式	101
2段形サーボ弁	126
2値信号	16
ニーモニック	30
ニューアクチュエータ	39, 167
入出力ポート	28

【の】

ノズルフラッパ機構	64, 125

【は】

バイポーラ駆動方式	103
バイポーラ励磁法	97
バイモルフ形	172
歯車モータ	116
バックラッシュ	46
ばね・質量系	6
パルスカウンタ	26
パルス周波数変調	19
パルス振幅変調	19
パルス数変調	19
パルス幅変調	18
パルス符号変調	19
パルスモータ	93
パワーアンプ	81
パワー密度	47
パワーレート	47
半・閉ループ系	55
搬送波	18

【ひ】

ピエゾ効果	169
ピエゾ素子	169
光アクチュエータ	168
引込みトルク	99
微小駆動用電動アクチュエータ	58
微小変動法	135
ヒステリシス	46, 63, 173
ピストン形油圧揺動アクチュエータ	123
ピストンモータ	119
非線形特性	46
ピッチング	56
ヒービング	56
比例制御	20
比例制御弁	127, 157
比例電磁ソレノイド	63, 157

【ふ】

フィードバック制御	3
フィルタ	149
フォースモータ	64
不感帯	46
負重合形スプール弁の流量特性	133
ブラシ	68
ブラシレス直流サーボモータ	92
ブラシレス直流モータ	84
プーリベルト機構	53
フレミングの左手の法則	41
フレミングの右手の法則	42
プログラマブルサーボ	17
プログラム	29
分極処理	170

【へ】

閉ループ系	4, 55
ベルヌーイの式	154
ベーン形油圧モータ	44
ベーン形油圧揺動アクチュエータ	122
弁制御方式	124
変調率	78, 138
ベーンモータ	118

【ほ】

飽和帯	46
保持トルク	95
ポテンショメータ	2
ボード線図	11
ポペット弁	157
ホールディングトルク	100
ボールねじ機構	52
ポンプ制御方式	124

【ま】

マイクロアクチュエータ	40

【む】

ムービングコイル	66

【め】

メモリ	28

【ゆ】

油圧アクチュエータ	39, 49
油圧システム	105
油圧シリンダ	43, 107
油圧制御弁	123
油圧モータ	44, 112
誘導形サーボモータ	88
誘導形モータ	84
ユニポーラ駆動方式	103
ユニポーラ励磁法	97

【よ】

ヨーイング	57
容積効率	113
揺動形油圧アクチュエータ	122
横効果アクチュエータ	171

【ら】

ラジアルピストンモータ	121
ラックピニオン機構	53
ラバチュエータ	168

【り】

流量ゲイン	136
流量比例制御弁	158
量子化	32
量子化誤差	32

【る】

ルブリケータ	149

【れ】

レギュレータ	149

【ろ】

ロータリエンコーダ	23
ローリング	56

【A】

ACソレノイド	58
A/D変換器	30

【C】

CPU	27
CP方式	54

【D】

D/A変換器	30
DCソレノイド	58

【H】

HB形ステッピングモータ	97

【I】

I/Oポート	28

【L】

$L \cdot R \cdot C$電気回路	7

【P】

PCM制御	161
PID制御	19
PM形ステッピングモータ	96
PTP方式	54
PWM制御	139, 161
PWM法	18, 77

【R】

RAM	28
ROM	28

【V】

VR形ステッピングモータ	96

【X】

X-Yテーブル	55

―― 著者略歴 ――

1963 年　岐阜大学工学部機械工学科卒業
1964 年　名古屋大学助手
1972 年　工学博士（名古屋大学）
1973 年　岐阜大学講師
1974 年　岐阜大学助教授
1988 年　岐阜大学教授
2004 年　岐阜大学名誉教授

アクチュエータの駆動と制御（増補）
Dynamics and Control of Actuators　　　　　　　　　　　　© Takayoshi Muto 1992

1992 年 9 月 25 日　初版第 1 刷発行
2004 年 2 月 20 日　初版第 12 刷発行（増補）
2021 年 11 月 25 日　初版第 25 刷発行（増補）

検印省略	著　者	武　藤　髙　義
	発行者	株式会社　コロナ社
		代表者　牛来真也
	印刷所	壮光舎印刷株式会社
	製本所	牧製本印刷株式会社

112-0011　東京都文京区千石 4-46-10
発行所　株式会社　コ ロ ナ 社
CORONA PUBLISHING CO., LTD.
Tokyo Japan
振替00140-8-14844・電話(03)3941-3131(代)
ホームページ　https://www.coronasha.co.jp

ISBN 978-4-339-04406-5　C3353　Printed in Japan　　　　　　　　（柏原）

[JCOPY] <出版者著作権管理機構 委託出版物>
本書の無断複製は著作権法上での例外を除き禁じられています。複製される場合は，そのつど事前に，出版者著作権管理機構（電話 03-5244-5088，FAX 03-5244-5089，e-mail: info@jcopy.or.jp）の許諾を得てください。

本書のコピー，スキャン，デジタル化等の無断複製・転載は著作権法上での例外を除き禁じられています。購入者以外の第三者による本書の電子データ化及び電子書籍化は，いかなる場合も認めていません。
落丁・乱丁はお取替えいたします。

メカトロニクス教科書シリーズ

(各巻A5判，欠番は品切です)

■編集委員長　安田仁彦
■編 集 委 員　末松良一・妹尾允史・高木章二
　　　　　　　藤本英雄・武藤高義

配本順			頁	本体
1. (18回)	新版 メカトロニクスのための 電子回路基礎	西堀賢司著	220	3000円
2. (3回)	メカトロニクスのための 制御工学	高木章二著	252	3000円
3. (13回)	アクチュエータの駆動と制御（増補）	武藤高義著	200	2400円
4. (2回)	センシング工学	新美智秀著	180	2200円
6. (5回)	コンピュータ統合生産システム	藤本英雄著	228	2800円
7. (16回)	材料デバイス工学	妹尾允史・伊藤智徳共著	196	2800円
8. (6回)	ロボット工学	遠山茂樹著	168	2400円
9. (17回)	画像処理工学（改訂版）	末松良一・山田宏尚共著	238	3000円
10. (9回)	超精密加工学	丸井悦男著	230	3000円
11. (8回)	計測と信号処理	鳥居孝夫著	186	2300円
13. (14回)	光工学	羽根一博著	218	2900円
14. (10回)	動的システム論	鈴木正之他著	208	2700円
15. (15回)	メカトロニクスのための トライボロジー入門	田中勝之・川久保洋共著	240	3000円

定価は本体価格＋税です。
定価は変更されることがありますのでご了承下さい。

図書目録進呈◆